为什么英国成功地建立了巨大的海洋殖民帝国？雅典、罗马和威尼斯是如何先后控制了地中海？而拜占庭却未能控制地中海？新兴的海洋帝国，如维京海洋帝国和荷兰海洋帝国，为什么它们的统治不能长久维持？所有这些问题的答案均可在此书找到。在书中，作者介绍了在过去的一个又一个世纪里，制造最先进舰船的能力，以及垄断贸易的能力一直都是海洋霸权的基础。

从腓尼基人到英国殖民者，从迦太基到桑给巴尔，从西班牙的腓力二世到法国的拿破仑，从勒班陀战役到中途岛战役，一直到超级海上大国——美国，海洋帝国的生死存亡在书中生动展开，如一幅巨幅画卷。

读者借助历史插图，可以了解各个年代每个海洋强国的秘密，以及创造这些强国的伟大的探险家、水手和发现者等人的秘密。

目录

SOMMAIRE

制海权时代：从远古时代到 1492 年

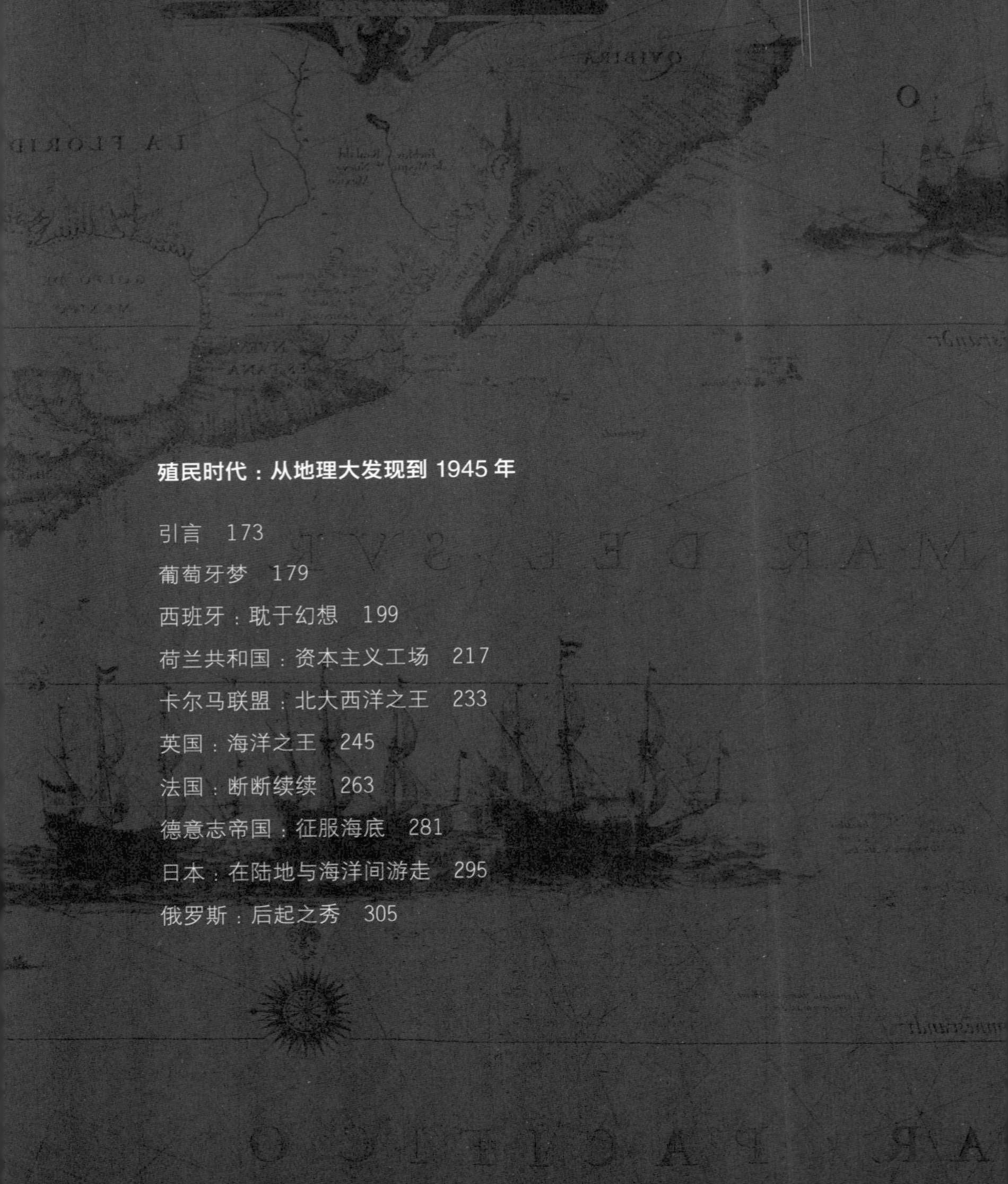

殖民时代：从地理大发现到 1945 年

全球参与时代：二战至今

TARTARIA
IAPAN
SINA
MAR N
Tropicus Cancri dat is Creefts Sonnewend
Islas de las velas, o de los Ladrones
Islas Filipinas
ARCHIPELAGO DE S. LAZARO
Linea Æquinoctialis dat is de Middellyn
WEST
Nueva Guinea
Islas de Salomon
Tropicus Capricorni dat is Steenbocx Sonnewend of
By Hessel Gerrits z.
met Octroy
vande E. H. M. Heeren
de Staten Generael
der Vereenichde Nederlanden

QVIBIRA
LA FLORIDA
GOLFO DE MEXICO
NVEVA ESPANA
MAR DEL SVR
OOST
QVITO
PIRV
LIMA
AR PACIFICO
CHILE
Sonnestandt

前言

AVANT-PROPOS

说到“帝国”，人们更多的是想到法老时代的埃及、波斯阿契美尼德王朝（波斯第一帝国），甚至是中国明朝。人们很少会想到克里特岛、迦太基，或是威尼斯的统治。理由是什么？可能是因为我们被大陆帝国的密集人口和辽阔幅员“蒙蔽”了双眼，或者是我们对于海洋缺乏认识。然而，威尼斯有着自己的“软实力”，它丝毫不必羡慕成吉思汗的“硬实力”。

因为一个海洋帝国同样有能力称霸。海洋帝国都是拥有自己舰队的强国，它能在海上施展武力，占据海洋，进而控制海上的主要贸易。威尼斯敢于正面迎击奥斯曼帝国，诚然，这与其金融实力密不可分，因为金融实力使威尼斯能够不断地武装新型战船。但更重要的原因在于威尼斯是东西方贸易中不可或缺的“中间人”。奥斯曼帝国离不开这些贸易所带来的资源，因此它只好屈从威尼斯共和国。

在大英帝国和其对手——拿破仑帝国之间，也存在着同样的武力关系。作为海洋领主和经贸强国，英国拥有必需的财富，来随意建立联盟和同盟，甚至介入一切其感兴趣之地。英国派出军舰，抢走了法国的殖民地。在西班牙起义中，英国的影响也至关重要。英国为西班牙的起义者提供黄金、武器和弹药支持。而后，在威灵顿的指挥下，英国的远征军登陆西班牙，突然对其发起袭击。

最后这一幕场景也证实了海洋在战略中具有决定性意义。作为大量商业贸易的载体，海洋自古以来就对人类和帝国的命运具有重大影响。例如，西西里、今日土耳其和埃及小麦的贸易路线直接关乎罗马的生死存亡。如果说为了包括小麦在内的粮食，控制大海尤为重要，那么，在军事方面控制大海同等重要。所以说，古希腊众城邦打败波斯，靠的不是他们在萨拉米斯取得的胜利，而是胜利带来的结果：补给中断之后，薛西斯只有带领部队撤退。海洋的重要性同样体现在了布匿战争中。汉尼拔越过了阿尔卑斯山，但这时的迦太基早已失去了大海的控制权。当西庇阿带领部队登陆的时候，迦太基却无法为汉尼拔派去增援。下面这场战争虽然参战方有所不同，但其所用兵法本质依然一样：二战期间，德国想利用U型潜艇切断英国与后方基地的联系，而同盟国则要登陆西西里岛、诺曼底和普罗旺斯，这让人联想到西庇阿。

除了对金钱和战略的考量，海洋帝国进行统治还有一个动力：思想征服。在腓尼基文明时期，就已经出现了思想征服。腓尼基的字母成了地中海沿岸所有语言的字母符号，腓尼基的民族语言成了地中海地区的交际通用语。思想征服具有重建世界观的力量，可以加深其文明烙印，增强其文明实力。

对于旅行，不管是移动的——从一个商站到另一个商站，还是静止的——世界走向自己，它都推动人们重新审视确信之物，鼓励人们开发勘察新的大陆。

因此，古希腊沿海城邦——科林斯，当然还有雅典，它们孕育了如此多的智力革命绝非偶然。和战争一样，科学创新与开放也是征服世界的一种方式。看看今日最后一个海洋帝国——美国，它对世界的影响便可知晓。

然而，工业革命带来了创新，海洋帝

国成了全球帝国。这种政治、经济和社会的剧变其根源在于对海洋的控制。如果说英国是这场巨变的摇篮，实际上是因为英国存在资本市场，鼓励它进行工业生产：纺织品和铁饰品毫不费力地流入 13 个美洲殖民地市场。这里有必要强调一下东印度的决定性贡献。一方面，东印度提供了新型种植业，其效益无与伦比，例如土豆，这些新型种植业养活了一大群新增城市人口。另一方面，东印度大量接收外来人员，缓解了旧大陆人口过量的压力。征服美洲与欧洲国家的海洋实力有着直接关联。欧洲的国家懂得尝试远洋探险，而奥斯曼帝国和中国则放弃了海洋。此外，中国退出海洋是历史上最奇怪的巧合之一，因为中国在技术方面比欧洲更加先进，但是在伊比利亚快帆[①]开始征服世界的时候，中国

① 快帆：即 15、16 世纪小吨位的快帆船。

却烧毁了自己的舰队。

无论如何，殖民统治阶段的时间都不久。实际上，在苏联殖民之后，我们又回到了传统的大海统治之上。就像古罗马时代一样，统治大海就是允许财力和物力自由流通。今日和以前一样：中继站的部署、战略路线的控制，包括新路线，例如北方之路（通过北冰洋将大西洋与太平洋联结起来），它们和大规模的军事武力部署一样，都是国家实力的基础。

此次对过去大型帝国进行深入研究，其目的就是解开历史上的国家兴衰之谜，以便更好地解读当代的挑战。通过长久的研究，我们可以更好地看清当下局势，不执迷当前，把目光放远，我们确信当下和以前一样：大规模世界博弈就在海洋之上。

制海权时代：从远古时代到1492年

L'ÈRE DES THALASSOCRATIES : DE L'ANTIQUITÉ À 1492

公元前 2 世纪末期，突尼斯沙拜的罗马镶嵌画：尼普顿凯旋

引言

INTRODUCTION

在从古代文明起源到地理大发现的这段漫长时间里，制海权的统治都是建立在商业控制之上。在这种模式下，政权长期依赖拓展贸易从而建立最高权力。一些城邦和微型国家利用制海权获得了成功，而欧洲国家则凭借制海权几乎征服了全球。由此看来，可以说地中海沿岸是海洋帝国崛起的摇篮。

事实上，正是在地中海首次出现了以垄断重要贸易为目的的统治，这些贸易包括小麦、香料和矿石。在米诺斯时期的克里特岛，人们开始直接开拓利润最丰厚的贸易，其目的就是垄断市场。腓尼基、热那亚和威尼斯延续了这一垄断行为。实际上，垄断就是要具备商队与市场，还有各个中转站以及停泊港，因为没有了中转站和停泊港，航海便不可进行。由于航海受到水流和风的影响，因此需要占领小岛或商行，以供船只停泊。在博斯普鲁斯海峡，只有西南风能够抵消黑海水流的力量。对于穿越博斯普鲁斯海峡，只要控制了达达尼尔海峡入口处博兹贾岛上的威尼斯，船只便可以在那儿安全等待埃俄罗斯[①]的好心情。对于食物和淡水补给也是一样，举个例子，帆船航行 3 周需要携带 8000 升的水，这就要求在主要贸易路线上占据一连串的小岛或者商行，以供补给。

除了直接开拓贸易路线，还有另外一种形式的统治，这种统治建立在巨大的设在国外的商行之上。巨大的国外商行可以完全控制那些能赚钱的商品，它是吸引周边国家商人及其珍贵的外币的方式。这种行为由雅典创立，罗马和拜占庭也同样采用了这种措施。它们三个都集中其所有的财产，建设海军，确保能够控制大海。因为，海洋上的财富会招来这里或那里的入侵者，其中有些入侵者会变成真正的海盗，比如维京人。他们善于利用动荡时期，或者王位空缺期，抢占大量领地。

① 埃俄罗斯：希腊神话中的风神。

帝国的衰落或者分裂有着各种各样的原因。这些原因或是即时的，或是远期的；或是技术的，或是政治的。但显而易见的是，航海创新的作用不可忽视。在航海创新技术上，古希腊人可以说是大师。公元前 700 年，科林斯的船舶建筑师阿密恩诺克利建立了三列桨座战船。该船配备纵通甲板，船首和船尾各有一个平台甲板。三列桨座战船增强了古希腊城邦的海上作战实力。在接下来的数个世纪，该船和南中国海与印度洋上的平底帆船一样，一直都是古代船只的基础模型。后来的发展取决于航海战略，该战略有两种方法。第一种是远程摧毁敌人的。古希腊人在船上配置炮（弹射器、弩炮和“海洋之火”小罐），即是如此，甚至拜占庭使用的希腊火器，和更晚才出现的大炮都是如此。第二种就是接舷战。利用此法，可以到达敌人甲板，直接与敌人格斗。在这方面，古罗马人的表现十分出色，他们甚至还会使用投石器，向敌人投掷鱼叉。这些技术创新在战争领域和贸易领域都存在。热那亚和威尼斯的卡瑞克帆船（14—15 世纪）体型巨大，具有 3 根桅杆，可以轻易地运载 1000 多吨商品，是今日集装箱船的原型。实际上，该船引起了物流的巨大改变。它连接了大型港口城市，运转货物，随后由小船把这些货物中转到次要城邦，以此实现利益最大化。

贸易中转路线的改变对国家的实力也有影响。以前，地中海东岸地区是远道而来的商队的终点，迦太基一直依靠地中海东岸地区的腓尼基城邦而运转。亚历山大港建成之后，逐渐抢走了香料贸易，这给迦太基带来了沉重打击。几个世纪之后，成吉思汗的征伐换来了蒙古的和平，往日的丝绸之路再次恢复，改变了通往黑海的贸易路线，这又损害了亚历山大港的利益。最终，在成吉思汗的王位继承冲突之际，亚历山大港重新夺回了贸易控制权，报了旧仇。

这些历史事件，都说明开拓海洋的政治能力对于帝国的诞生或是灭亡都具有决定性的影响。阿拉伯航海家是最早（12 世纪开始）抵达东非沿岸、印度、东南亚岛屿和中国的。当时，中国的重要城市都有大型穆斯林批发商社区。不过，阿拉伯的航海家却未能将其商业影响转变成权力统治，由此预示着葡萄牙帝国的到来。阿拉伯人之所以未能建立帝国，第一个原因是当时政治体制不稳定，在王位继承战争和其他冲突期间，不能长久地维持自己的海洋野心；第二个原因是它更倾向于对陆地的征服，因为其所管辖的土地面积巨大。因此，土耳其奥斯曼帝国的舰队只驻扎在东地中海，即使它在印度洋的入口——红海拥有一个入口，那里可以隐约看到其他境域。

大型陆地帝国的大陆倾向有时候是有细微差别的，因为它们也明白控制海洋带来的利益。以中国为例，今天我们很难想象在汉朝时期（公元前 2—公元 2 世纪）[①]，整个东南亚海上贸易十分密切频繁。到了唐朝，贸易范围扩大到了波斯湾和红海。宋朝时期，海上贸易不断加强，中国成了一个真正的集军事和商业实力为一体的海洋强国。元朝期间（13—14 世纪），统治者们将前朝所获得的有关航海的技术和经验不断完善，因为他们深知，要想实现全球霸权的梦想，海洋同样也是必经之路。然而到了明朝，国家却开始逐渐封闭起来。诚然，明朝时期，国内经济蓬勃发展，但这却不足以解释为什么明朝要限制与外界交流。从这一点来看，郑和下西洋更像是一个次要现象，而不是明朝发展海军野心的真正愿望。从那时起，中国对海洋的欲望就被搁置一边……这样一来，却给欧洲留下了机会。在中国从印度洋撤回的时候，欧洲的舰船来到了这里。

历史已成定局，无法改写。

① 应为公元前 3—公元 3 世纪。——编者注

克里特岛：帝国的雏形

LA CRÈTE,
MATRICE IMPÉRIALE

从大陆的角度来看，诚如塞缪尔·诺亚·克莱默所说，“历史始于苏美尔”。而从海洋的角度来看，一切始于克里特岛。当然，那时在克里特岛还没有出现航海，更不用说长期探险了。但是正是克里特岛，让我们首次看到有关海洋的战略。该战略既有商业成分，又有统治成分。

克里特岛：摇篮

当然，克里特岛只是一个很小的开端。公元前 3000 年，克里特岛成了米诺斯文明的中心。我们在那里发现了未来其他海洋政权的所有特征：聚合资源来建立和维持商业垄断的中心，以及增强实力的海洋霸权。大海不宜居住。但是一旦我们了解了大海，并掌握了一定技能，便可以处于垄断地位，因为我们可以自己规定商品价格和贸易路线。其次，古希腊神话著名的国王米诺斯的故事中，我们还看到国王向弥诺陶洛斯进贡 7 对童男童女的描述。这场进贡展现了国王命令的最强效益。最后，必须保障海上公共秩序，即消灭海盗，这是制海权的最后一个特征。修昔底德在他的《伯罗奔尼撒战争史》一书中写道：

米诺斯宫殿壁画，展现了游行的米诺斯族妇女

“据我们所知，米诺斯是第一位拥有舰队的国王……为了更好地保障其收益，他自然而然地做了一切他可以做的事情，其中就包括消灭海盗。”在这方面，可以说米诺斯是后人的先驱者。从庞培到罗贝尔·梅纳德，他们一直努力确保商船能在海上自由航行。

在多个世纪里，修昔底德的文章是米诺斯文明存在的唯一确凿证据。长久以来，米诺斯文明被视为虚构传说，它与亚特兰蒂斯文明相近。一些“梦想家”满怀热情，想要证实他们自幼听到的故事。他们的热情导致事情出现了重大转机。海因里希·施利曼发现了特洛伊的遗迹，他的考古发现为阿瑟·埃文斯爵士指明了方向。1900—1906年，阿瑟·埃文斯爵士在克里特岛发现了克诺索斯王宫，并开始深入研究米诺斯文明。在公元前18世纪—前15世纪，米诺斯文明就已达到顶峰。

克里特岛克诺索斯王宫的斗牛戏壁画

国际贸易中心

长久以来，埃及人称克里特岛人为“海洋中央民族”。这一称呼本身具有意义，它强调了克里特岛在地理上占据中心位置。在混乱年代，克里特岛的岛屿属性成了它的一个明显优势。一方面，岛屿属性让克里特避开了众多入侵；另一方面，岛屿属性迫使克里特发展相关航海技术。从最初的沿海航行，到初次去目力所及的土地探险，肯定需要长久的艰难学习。但是，学会之后便可以走向远洋，抵达近东、埃及，然后到西西里岛。

克里特岛人的聪明之处在于扮演了地中海东部地区不同民族之间贸易的必要中间人。利用自身的中心位置，克里特岛成了贸易中转中心。阿富汗的青金石、黄金、象牙，古实王国的乌木，甚至是埃及的白玉和鸵鸟蛋都在这里中转。此外，来自东方的金属、小麦、琥珀和珍珠穿越黑海，经由博斯普鲁斯海峡，

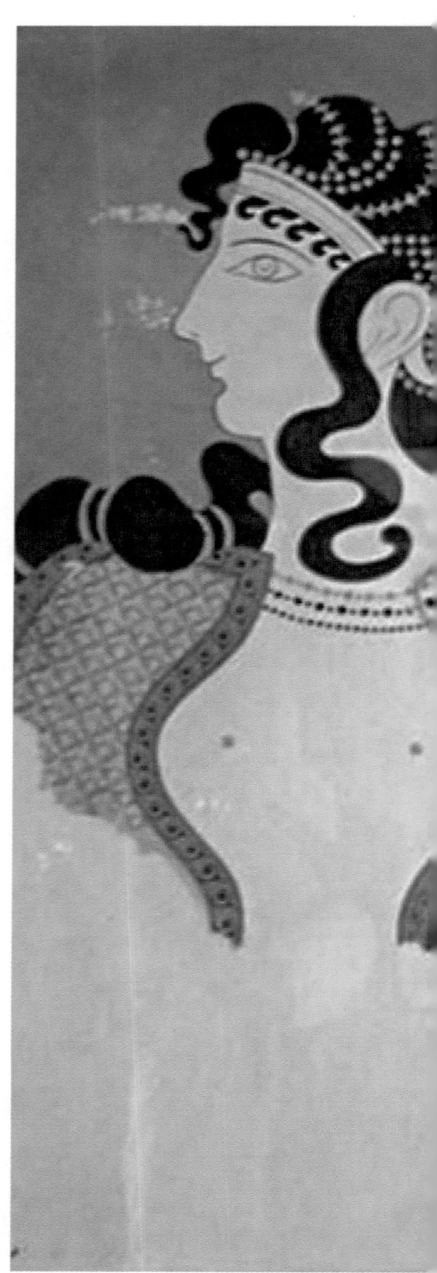

米诺斯宫殿壁画上的三位古希腊女性

抵达地中海。

大量出口政策

克里特岛的土壤肥沃，岛上出产红酒、橄榄油，以及香油和藏红花。所有的这些资源都是贸易品，诚如“克里特岛的礼物”（出土自公元前15世纪的一些埃及达官贵人坟墓的艺术品）描绘的那样。克里特岛逐渐富裕，手工陶瓷制品和冶金繁荣发展。克里特岛的陶瓷和冶金制品在地中海整个东部地区广为流通。通过考古，我们在整个近东和中东、塞浦路斯、苏丹、西西里岛、伊特鲁里亚、马耳他、撒丁岛、埃及都发现了克里特岛生产的陶瓷制品的碎片，这些碎片通常也是当地唯一的外来物品。由此，我们便可以弄清米诺斯时期的商业是如何逐步扩张的。

在米诺斯文明第一阶段（公元前1900—公元前1700年），克里特岛与埃及、近东和远东建立了联

米诺斯宫殿壁画，展示了当时的舰队

公元前 1500 年左右，克里特岛克诺索斯王宫的海豚壁画

公元前 900—前 700 年的腓尼基青铜盆（伊拉克尼姆鲁德）

系。在米诺斯文明第二阶段（公元前 1700—公元前 1420 年），克里特岛的影响扩大到了整个地中海东部和希腊大陆南部。在米诺斯文明第三阶段（公元前 1420—公元前 1050 年），迈锡尼的竞争力不断提高，克里特岛人只好集中做利润最高的贸易，也就是埃及和古实王国的黄金贸易，尤其是塞浦路斯的黄铜贸易。起初，克里特岛分为多个城邦，每个城邦都有一个宫殿。在克诺索斯王宫的支持下，分散的城邦逐步统一，并开始对外扩张。基克拉泽斯群岛便是扩张的第一步——希拉岛（即圣托里尼岛）即是明显的证据。

在殖民进程中，克里特岛人控制了伯罗奔尼撒半岛。同时，由于岛上的资源无法满足植物油、红酒和出口陶瓷制品的生产，克里特岛人便将这些生产迁到了伯罗奔尼撒半岛。技术的提前转移促使迈锡尼的城邦实力不断增长，克里特和迈锡尼之间也因此不可避免地产生了冲突。最后，这场冲突对克里特造成了不利。

接下来的一段时间，迈锡尼代替了克里特岛，前者将后者的商业网据为己有。而后，在“海上民族[①]”的打击下，迈锡尼败了下来。关于“海上民族”，其身份定义还不明确。公元前 1200 年左右，这群人开始在地中海东部地区涌现，并毁灭了迈锡尼文明和赫梯帝国。

① “海上民族”：又称“海民”，是一个历史学名词。“海上民族”被认为是一群海上劫掠者所组成的集团或同盟。他们在整个东地中海游荡，并于公元前 13 世纪末至 12 世纪初，入侵了安纳托利亚、叙利亚、塞浦路斯、埃及等地。目前，这群人的具体身份仍未解开。

从腓尼基到迦太基

DE LA PHÉNICIE À CARTHAGE

“海上民族”的入侵消灭了对手，为腓尼基文明留下了自由空间。腓尼基文明的财富建立在海洋商队贸易之上。腓尼基人拥有22个符号的字母表，其语言在整个地中海沿岸广泛传播，为腓尼基的商行经济的光明前景奠定了基础。腓尼基人的后代——迦太基人依托资源丰富的内陆，建立了帝国。迦太基帝国延续了数百年。

腓尼基人：贸易之王

腓尼基人建立了港口城邦，将其作为陆地贸易和海洋贸易的接口。在这方面，位于今天黎巴嫩沿岸的比布鲁斯可以说是先驱。比布鲁斯腹地长满雪松、刺柏和松树。对于建造金字塔而言，这些树必不可少。由于埃及只有棕榈树，这种树不适宜拿来建造金字塔，所以比布鲁斯成了埃及的特殊伙伴。比布鲁斯与美索不达米亚的贸易亦十分频繁，东方的绣花衣服和地毯都会从马瑞（今天叙利亚境内的特尔·哈瑞瑞）经过。在比布鲁斯被“海上民族”从地图上抹去之后，西顿（建于公元前 2150 年）取代了它的位置，并延续了它的一切。而后，泰尔（建于公元前 1200 年）再次取代了西顿，并建立了另外一种模式。

泰尔人的聪明之处在于利用简单的贝壳——骨螺来赚取利润。将骨螺磨碎，便得到一种鲜红的染料。这种染料为泰尔带来了无与伦比的财富。除了这种“红色黄金”外，还有包有象牙的雪松木制用具，精心镂刻的铜盆和银盆，青金石首饰，装香料的玻璃小瓶和小壶，这些手工产品充斥了市场。公元前 8 世纪初，泰尔的贸易范围已经覆盖了整个地中海东岸地区，从埃及一直到安纳托利亚，甚至在巴比伦尼亚都可以找到泰尔的手工品。通过贸易，泰尔获得了俄斐（位于阿拉伯南部）的产品，例如檀香木、宝石、象牙、黄金。此外，泰尔还得到了塞浦路斯的铜、安纳托利亚的锡和埃及的亚麻。至于红海，那里盛产贝壳，可以做成胭脂盒。示巴王国则盛产宝香，埃及寺庙在举行仪式时必用这种香。

航海民族

然而，对腓尼基人的认知仅停留在贸易层面未免显得狭隘，他们首先是一个航海民族。腓尼基人发明了三层桨座战船。公元前 7 世纪到公元前 4 世纪，该船一直是地中海上的船中之王。在航海定位方面，腓尼基人也是先驱。他们通过观察小熊星座，进行航海定位。在古代，小熊星座因称为“腓尼基之星”而广为人知。

腓尼基人利用航海定位技能赚取利益，他们从事商船工作，获得

公元前 700 年左右，尼尼微（亚述帝国都城）：图中可能是由腓尼基人建造的亚述战船

卡德摩斯与蛇搏斗

了一部分财富。腓尼基一边同埃及进行贸易，一边将舰队用于征战和发现。腓尼基人通过红海绕过了非洲，正如希罗多德讲述的："诚如我们所知，利比亚（非洲）完全被海洋环绕。我们知道，埃及国王尼科二世是第一个证明这件事的。他一开辟贯穿尼罗河和波斯湾的运河之后，就派腓尼基人坐船离开。这些腓尼基人的任务是绕过直布罗陀海峡和北方大海，返回埃及。腓尼基人从厄立特里亚海（古代对印度洋的称呼）出发，游遍了南方大海。秋季，他们从正面登陆利比亚海岸。先前，他们航海时已经到过这里。这次，他们在这儿播种，等待收获。第三年，他们绕过直布罗陀海峡，重返埃及。"

"他们带回了一个事实。他们说，在绕过利比亚的时候，太阳在他们的右边。即使其他人相信这件事，我也觉得难以置信。"在《圣经》的《列王记》上篇，同样描述了这样一幕：所罗门要求泰尔国王海勒姆提供航海技术，以便从红海出发，征服俄斐。

最早的商行经济

腓尼基人努力把商行贸易网给连接起来。这些商行住满了移民，例如孟斐斯、瑙克拉提斯、科林斯。商行据点都是贸易和供应场所。腓尼基人从"铜岛"——塞浦路斯出发，进行扩张。公元前10世纪，腓尼基人建立了基蒂翁城邦。腓尼基人的第二次扩张浪潮扩大到了克里特岛、埃维亚岛和多德卡尼斯群岛，商人们在雅典、提洛和色萨利建立了殖民地。

腓尼基人的手工产品获得了越来越大的成功，他们开始向西追寻，沿着地中海的金属之路行进。对于生产青铜来说，锡是至关重要的。

他们的据点布满了马耳他岛、西西里岛、撒丁岛、巴利阿里群岛和北非。腓尼基人在地中海西部地区进行扩张，占据了大部分的矿石供应路线。这些矿石包括非洲的黄金、银、铜，伊比利亚的铅，北欧的琥珀，还有康沃尔郡和瓦讷的珍贵的锡。

亚述帝国和巴比伦尼亚帝国的影响导致腓尼基城邦一时衰落。波斯阿契美尼德王朝（公元前 6 世纪—公元前 4 世纪）让腓尼基城邦再回巅峰。但好景不长，因为亚历山大大帝控制了腓尼基城邦。

公元前 6 世纪，迦太基趁近东混乱之际，抢占了地中海西部地区的所有商行。

迦太基的生死存亡

我们知道，在神话故事里，迦太基是由泰尔的国王皮格马利翁的姐姐蒂朵建立。然而，真相却十分平淡。在“金属之路”的返程途中，腓尼基人需要一个中途停靠站。于是，他们就选择了迦太基。迦太基凭借其独特位置，夺去了地中海西部的全部贸易，几乎垄断了地中海重要的中转贸易。这些中转贸易包括西西里的小麦、伊比利亚半岛的金属、亚洲的宝石、阿拉伯和埃及的香料以及香水，还有努比亚的奴隶。

但是，新的竞争出现了。古希腊城邦的手工业需要金属材料。于是，这些城邦循着先前腓尼基人的路线，占据了西地中海北岸的自由空间。公元前 5 世纪，迦太基和古希腊城邦之间不可避免地爆发了一场冲突。最终，这场冲突以迦太基在希梅拉战败告终。这次惨败导致迦太基失去了西西里岛。古希腊由此正式控制了中欧的琥珀和锡。

迦太基的第二次生命开始了。大约公元前 550 年，为了独自占据

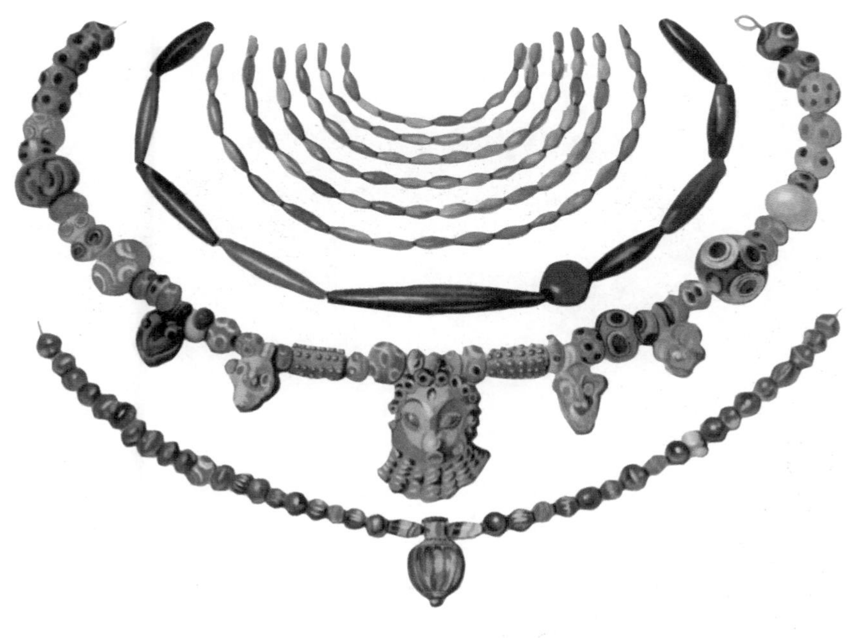

腓尼基珠宝。出自《埃及历史》，S. 拉波波特 著

绘有狮身人面像和国王战胜敌人图案的碗

高卢的锡、琥珀和黄金贸易，航海家和探险家希米尔科被派到韦桑岛。公元前 500 年，为了改变黄金贸易路线，汉农开辟了几内亚湾路线。

除了进行首次大洋探险，腓尼基还建立了一个真正的“内陆”，由此成为地中海西部地区第一农业强邦。“内陆”的建立不仅弥补了西西里岛小麦的缺失，迦太基还可以出口新型产品：红酒、橄榄油、无花果和杏仁。

但是，地中海出现了新的面孔，它的到来威胁到迦太基的霸权。它就是罗马，它比前面的对手都要可怕，因为它受荣誉指引，没那么容易妥协。第一次布匿战争（公元前 264—前 241 年）中，罗马人表现猛烈，他们最终打败了迦太基。诚然，迦太基实力更强，但是它更关心的是自己的金钱利益，而非把对手撂倒在地。

第二次布匿战争中（公元前 218—前 201 年），迦太基失去了对大海的控制。汉尼拔被迫穿越阿尔卑斯山，到达意大利后，他只有等待支援和补给。西庇阿则先登陆西班牙，然后又在非洲登陆，赢得扎马战役。第三次布匿战争（公元前 149—前 146 年）只是一个形式，双方兵力不对称，使得这场战争的输赢毫无悬念。

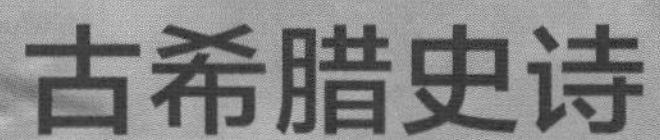

古希腊史诗

L'ODYSSÉE GRECQUE

古希腊在世界航海史上十分出色，但是古希腊始终没能成功建立一个真正的海洋帝国。和雅典一样，古希腊各城邦都建立了殖民地和商行。甚至还有城邦试图建立真正的“至高权力”，然而却未能使之维持下去。其原因在于古希腊众城邦四分五裂，同时缺乏建设这种政权的内陆基础。只有托勒密王朝，本来它可以利用亚历山大港，承担起主导角色，但由于太过关注陆地，它放弃了海洋。

古希腊扩张

古希腊的米诺斯文明和迈锡尼文明根深蒂固，在遭遇“海上民族”入侵之后，依然保存了下来。爱奥尼亚诸城邦与近东和远东的贸易路线连接在一起，它们是首批复兴的城邦。在复兴发展中，米利都占据了重要位置。从公元前 9 世纪开始，通过和其他亚洲古希腊城邦结成联邦，米利都控制了黑海。它还通过特拉布松，掠夺高加索的铁；通过顿河口处的塔奈斯，抢夺斯基提亚的干鱼和小麦。此外，这条小麦之路构成了爱琴海地缘政治的全部。掌握小麦之路可以提高自身实力，削弱强敌。

米利都控制了当地的铜、铁、金、银、树脂、小麦和红酒市场，这些垄断为米利都带来了巨大的财富。米利都利用这些财富，殖民色雷斯，首次绕过科林斯海峡，在公元前 6 世纪抵达亚得里亚海。亚得里亚海是陆路上的锡、银，尤其是琥珀的出口市场。于是，人们便自然而然地向西扩张，每一个城邦都建立了其商业需要的殖民地。来自福恰的古希腊人建立了马赛（公元前 600 年）、尼斯、昂蒂布和阿格德。来自科林斯的古希腊人建立了锡拉库萨（公元前 734 年）、墨伽拉和塞利农特。欧洲古希腊早已转向了手工生产，它开始寻找珍贵的锡和其他金属，对其手工生产而言，这些金属不可或缺。而且，为了不再只依赖黑海，欧洲古希腊开始寻找西西里岛的小麦。

古希腊时根据《荷马史诗》所绘的图，图中为海伦和普里阿摩斯

绘有狄俄倪索斯和萨堤尔图案的盘子

一个新的强国威胁到了黑海，它就是波斯帝国。波斯帝国对爱奥尼亚诸城邦的控制越来越明显，同时波斯盟友——腓尼基人在大部分地中海市场上与古希腊人作对。西西里岛成了这场冲突的中心。

波斯帝国或大海对陆地的胜利

从战略的角度来看，波希战争引人注目，因为它首次印证了控制大海和掌握技术创新在大陆帝国与海洋强国的冲突中具有优越性。公元前 700 年左右，科林斯人阿密恩诺克力设计出了著名的三列桨座战船。凭借此船，雅典和科林斯舰队在整个战役中占据战略上风。三列桨座战船配有连续甲板，船首和船尾的平台上都是水手和士兵：水手负责操纵唯一的船帆，士兵负责投掷武器。桨手都是自由人员，他们可以得到黄金报酬。他们的技艺和今天任何一个高科技技术人员的能力和知识一样得到了认可。在运用撞角[①]的海战战术中，这些桨手的驾驶操作对于强大的三列桨座战船而言，具有决定性作用。

马拉松战役拉开了波希战争的序幕。交战的双方分别是波斯的薛西斯一世及其迦太基盟友和希腊城邦的联盟首领——战略家特米斯托克利。虽然波斯人赢取了地面的胜利，但是由于缺乏航海能力，他们只好进行谈判。即使波斯人穿越了达达尼尔海峡，强占了温泉关，但他们的补给路线却越拉越长。公元前 480 年，古希腊人截断了波斯人的补给路线，夺取了萨拉米斯海战的胜利。然而，波斯还有一支重要舰队一直占据着从马其顿到科林斯的土地。直到公元前 479 年，剩下

① 撞角：古代海战的主要武器。它长 5 米，通常由青铜或黄铜制成，安装在三列桨座战船的船首底部的凸起位置。在交战的时候，三列桨座战船迅速撞向敌船，撞角可以给敌船造成致命一击。

波斯的不朽战士，达利斯宫殿中的壁画

的薛西斯一世舰队在普拉提亚战役和迈卡勒战役中被彻底摧毁。然而，波希战争仍未结束。控制大海为古希腊人，尤其是雅典人提供了明显优势，他们可以随时攻打想要攻击之地。公元前 460 年，埃及君王伊纳罗斯二世带领起义，反抗波斯统治。他们在三列桨座战船的帮助下，沿尼罗河逆流而上,围攻孟斐斯。另一个优势:波斯人的补给路线极长。由于只通过陆路补给，波斯被迫从色雷斯撤离。公元前 448 年，双方签署和平协议，爱奥尼亚诸城邦从波斯的统治之下脱离出来。波斯不再带领舰队前往爱琴海，不允许自己的陆军靠近爱琴海海岸，并与之保持一天行程的距离。大海对陆地的决定性胜利为伯里克利帝国奠定了基础。

伯里克利时代

雅典城邦的实力建立在拉夫里翁银矿的发现之上。有了这个矿床，雅典就可以在整整一年内建立一支自己的舰队。以前，在秋季到春季这段时间，官员和桨手都会被解雇。通过建立提洛同盟，雅典首支常备海军的规模得到了加强。提洛同盟是一种“兵力互助”，它包含爱奥尼亚诸城邦（萨摩斯岛、希俄斯岛、莱斯沃斯岛，以及同盟金库所在地——提洛岛）。这些城邦对波斯阿契美尼德王朝的扩张感到担忧。每一个成员邦必须提供舰船或者白银，大部分的城邦喜欢缴纳铸币，因此雅典很快富裕起来。看到希腊战胜了波斯，许多新的城邦也选择加入同盟。但是这个同盟却在努力隐藏它后来的面孔：雅典“至上权力”的幌子。萨索斯岛民的起义便是例证。该岛上分布着大量的银矿，它的起义被雅典给镇压了。

公元前 432 年的波提狄亚战役。18 世纪绘画

伯罗奔尼撒战争爆发前的希腊世界，出自 1926 年《历史地图集》

公元前460—前446年，以雅典为首的提洛同盟和以斯巴达为首的伯罗奔尼撒同盟之间爆发了第一次战争。第一次伯罗奔尼撒战争结束之后，雅典的陆地实力和海洋实力成了古希腊第一。趁此机会，雅典将提洛金库转移到自己的地盘，资助“伯里克利时代”，尤其是资助建设帕特农神庙。不过，雅典帝国缺乏一个能为之提供补给的内陆。雅典可以自己生产植物油、水果干、羊毛，在希俄斯岛、萨索斯岛和阿提卡种植葡萄树，生产红酒，甚至将所有这些产品和手工陶瓷或青铜制品一起出口。不过，雅典所有首要产品都需要进口。

雅典每年需要10万吨小麦。这些小麦主要来自黑海，以及埃及和西西里岛,它们通过800艘船舶运至雅典。此外,粮食市场被严格管控。当一艘粮船进入比雷埃夫斯时，它必须留下2/3的货物，剩下的1/3才能运走。除了谷物，还有咸鱼，以及从色雷斯和马其顿买来的船舶建造材料:木材、树脂、苎麻、亚麻和铁。雅典需要进口那么多的资源。在吕山德的统率下，斯巴达在黑海摧毁了雅典的舰队，抢走了它的小麦船。第二次伯罗奔尼撒战争（公元前431—前404年）爆发了。

不过，雅典将贸易集中到了比雷埃夫斯，因此其商业活动得以持续发展。整个雅典都在从事贸易，那里有一个大型商场。雅典的平面图呈几何图形，其街道呈直角。作为爱琴海的主要中心，比雷埃夫斯有幸成了古代世界的命脉，它的税务收入充实了雅典的金库。在比雷埃夫斯，可以看到许多交易的商品：小麦、木材、西西里的水果和奶酪、泰尔的织品和红色染料、塞浦路斯的铜、科林斯的瓦、埃及的玻璃、阿比西尼亚的象牙、阿拉伯的香水、哈尔基斯的剑、布列塔尼的锡。这些商品供来自地中海的买家随意选择。雅典的优越地位一直保持到公元前4世纪初。

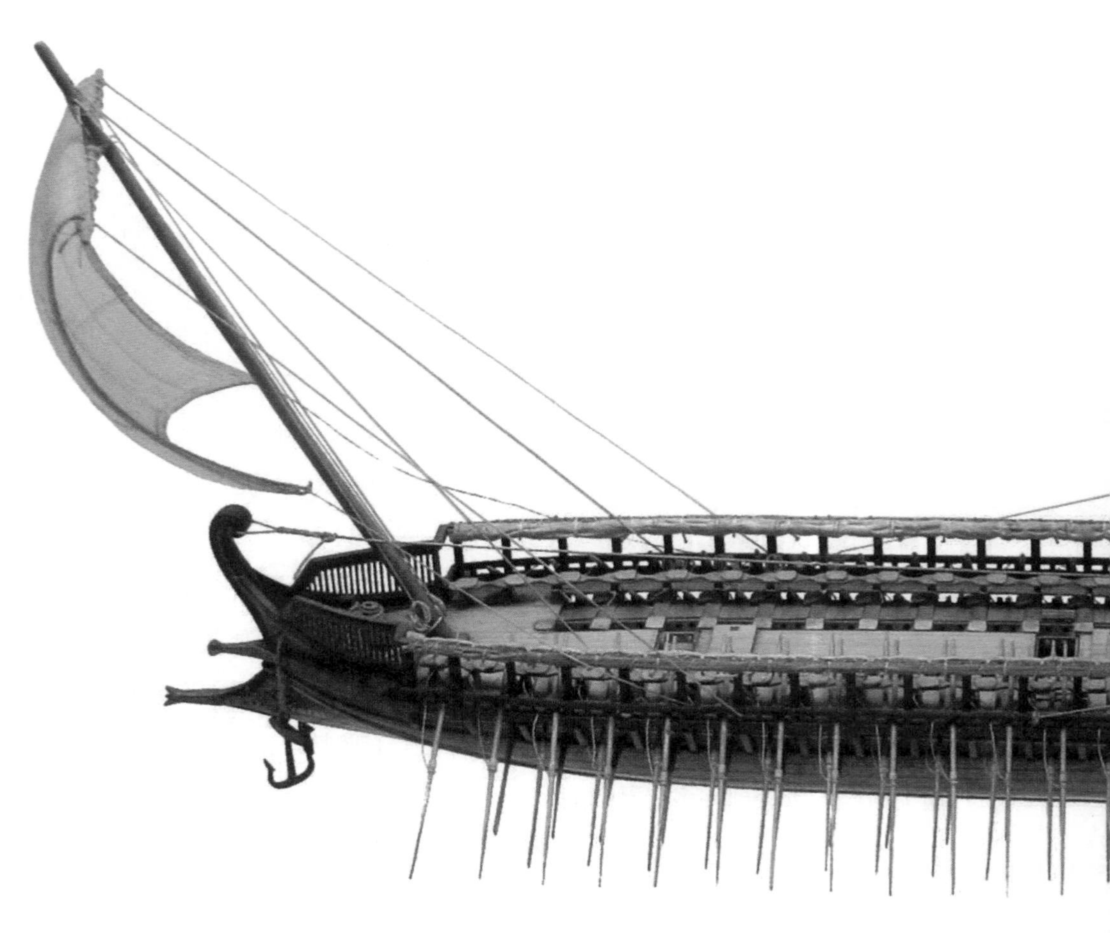

三列桨座战船，古代地中海文明，尤其是腓尼基人、古希腊人和罗马人所用的战船。战船每边有三排桨，一个人控制一支桨。在公元前 7—前 4 世纪，快速和敏捷的三列桨座战船占地中海军舰的主导地位。在波希战争中，三列桨座战船发挥了至关重要的作用：帮助雅典建立了强大的海上帝国。之后罗马共和国决定打造海军也以这种船为主。

托勒密王朝的失败

接下来，到了亚历山大大帝时代。这位马其顿国王对海洋很感兴趣，但他却没时间发展海洋计划。他唯一所做的就是在公元前 332 年建立了亚历山大港。该港后来成了东方贸易的中转枢纽。亚历山大港之所以成为中转枢纽自然与其地理位置有关，同时还与亚历山大大帝的征服与共享有关。

马其顿王国进行征服，使得欧洲和印度首次建立直接联系。印度的资源对欧洲产生了巨大的吸引力。总之，亚历山大港成为贸易枢纽，在很大程度上与亚历山大大帝的将军彼此争夺王位有关。王位继承战争打乱了陆地贸易，促使托勒密一世（托勒密王朝的建立者，埃及总督）将贸易集中在唯一的海上要道，以便不再依赖巴比伦尼亚和美索不达米亚的首领——塞琉古一世。

在托勒密王朝时期，埃及不停地占据红海沿岸。当时，苏伊士运河还未开凿。要到红海，得取道尼罗河，从亚历山大港行至科普托斯，然后再从陆路抵达苏伊士湾海岸。为此，托勒密二世修整了米奥斯·霍尔莫斯港（今埃及的库赛尔港）和索特利亚斯·利门港（今苏丹的苏丹港）。他的继任者托勒密三世则建立了阿杜里斯港。阿杜里斯港成为与印度贸易的重要港口。在 7 世纪被穆斯林攻陷之前，阿杜里斯港获得了巨大的财富。最初，阿尔西诺伊（今日的苏伊士）汇聚了大部分贸易。不过，由于苏伊士湾存在北风、洋流、暗礁和沙洲，航行十分困难。于是，人们逐渐放弃阿尔西诺伊，转到了更南的港口。在托勒密王朝统治时期，来自基齐库斯的欧多克索斯在公元前 118—前 115 年沿海航行，首次越过印度洋。

路易吉·梅耶于 18 世纪末绘制的亚历山大港

埃及成了地中海的粮仓。通过销售小麦，埃及获得了巨大财富。此外，通过吸引贸易，埃及也获利不少。这些财富本来可以让埃及成为统治地中海沿岸的帝国，但它却被自己的地缘政治带入了歧途。一开始，埃及本来可以抢占地中海东部地区，武力迎击地中海西岸的正在崛起的罗马，可它却偏偏把目光投向了巴勒斯坦。

罗马帝国：被迫的海洋帝国

ROME,
L'EMPIRE MARITIME CONTRAINT

罗马帝国更多是一个陆地国家，而非海洋国家。在统治欲望的驱使下，罗马共和国和罗马帝国先后将权力扩展到海上。但在过去，它们对这个海根本不感兴趣。历史上，古罗马称这个海为“我们的海（地中海）”。

罗马帝国之前的罗马：贸易天才

人们习惯将古罗马人描述为建筑师和工程师，却很少称之为商人。然而，古罗马人在进行军事征伐之前，就已经懂得在贸易中使用“闪电战”。通过这种策略，古罗马人抢占了地中海的大部分盐和油的市场，尤其是红酒市场。他们的秘密武器是什么呢？答案是双耳瓶。

在古罗马面前，古希腊的商业霸权开始崩溃。古罗马人发明了质地结实，容量更大，尺寸标准的双耳瓶。该瓶高一米二，最多可装 25 升红酒。它们可以堆积存放，叠 4~5 层。有了双耳瓶，贸易开始变得大众化，并且成本也有所减少。我们在整个地中海周围，以及不列颠尼亚和日耳曼尼亚都找到了双耳瓶的遗迹。

罗马元老院建立了大型葡萄庄园，生产的葡萄酒用于出口。当时的葡萄酒酿造技术已经十分完善，例如在白酒和红酒中添加香料，使之香醇。古罗马为了控制所有的葡萄苗木，在征伐过程中，将外地的葡萄树连根拔起，尤其是高卢的葡萄树。此外，随着帝国扩张，人们努力建造新的船舶，每艘船舶运输 12 只巨大双耳瓶，最多可运载 300 升红酒。

古罗马的发展从商业一步一步走向政治。从这个角度来看，与迦太基的冲突是一个转折点。双方在西西里岛展开战斗，因为西西里岛是古罗马的麦仓，可以对迦太基进行战略封锁。

罗马双耳瓶

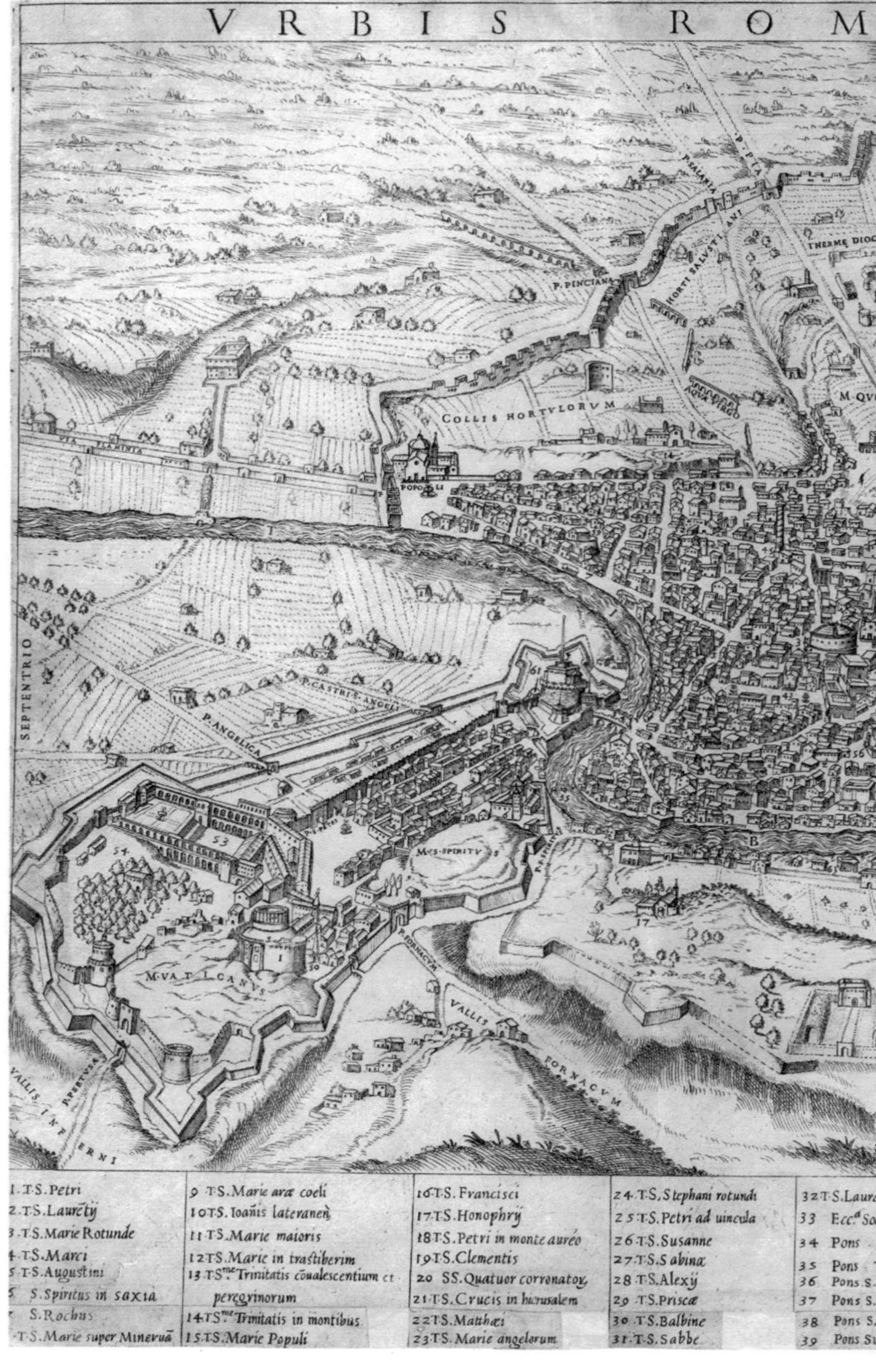
VRBIS ROM
P. PIA
P. SALARIA
HORTI SALVSTIANI
THERME DIOC
P. PINCIANA
AQVA VIRGO
COLLIS HORTVLORVM
M. QVI
VIA FLAMINIA
POPVLI
SEPTENTRIO
P. CASTRI S. ANGELI
P. ANGELICA
M. S. SPIRITVS
P. FORNACVM
M. VATICANVS
VALLIS FORNACVM
P. PERTVSA
VALLIS INFERNI
1 T.S. Petri
2 T.S. Laurētij
3 T.S. Marie Rotunde
4 T.S. Marci
5 T.S. Augustini
S. Spiritus in saxia
S. Rochus
T.S. Marie super Mineruā
9 T.S. Marie aræ coeli
10 T.S. Ioañis lateranen.
11 T.S. Marie maioris
12 T.S. Marie in trastiberim
13 T.S.me Trinitatis cōualescentium et peregrinorum
14 T.S.me Trinitatis in montibus
15 T.S. Marie Populi
16 T.S. Francisci
17 T.S. Honophrij
18 T.S. Petri in monte aureo
19 T.S. Clementis
20 SS. Quatuor corronator.
21 T.S. Crucis in hierusalem
22 T.S. Matthæi
23 T.S. Marie angelorum
24 T.S. Stephani rotundi
25 T.S. Petri ad uincula
26 T.S. Susanne
27 T.S. Sabinæ
28 T.S. Alexij
29 T.S. Priscæ
30 T.S. Balbine
31 T.S. Sabbe
32 T.S. Laure
33 Ecc.a So
34 Pons
35 Pons
36 Pons S.
37 Pons S.
38 Pons S.
39 Pons Su

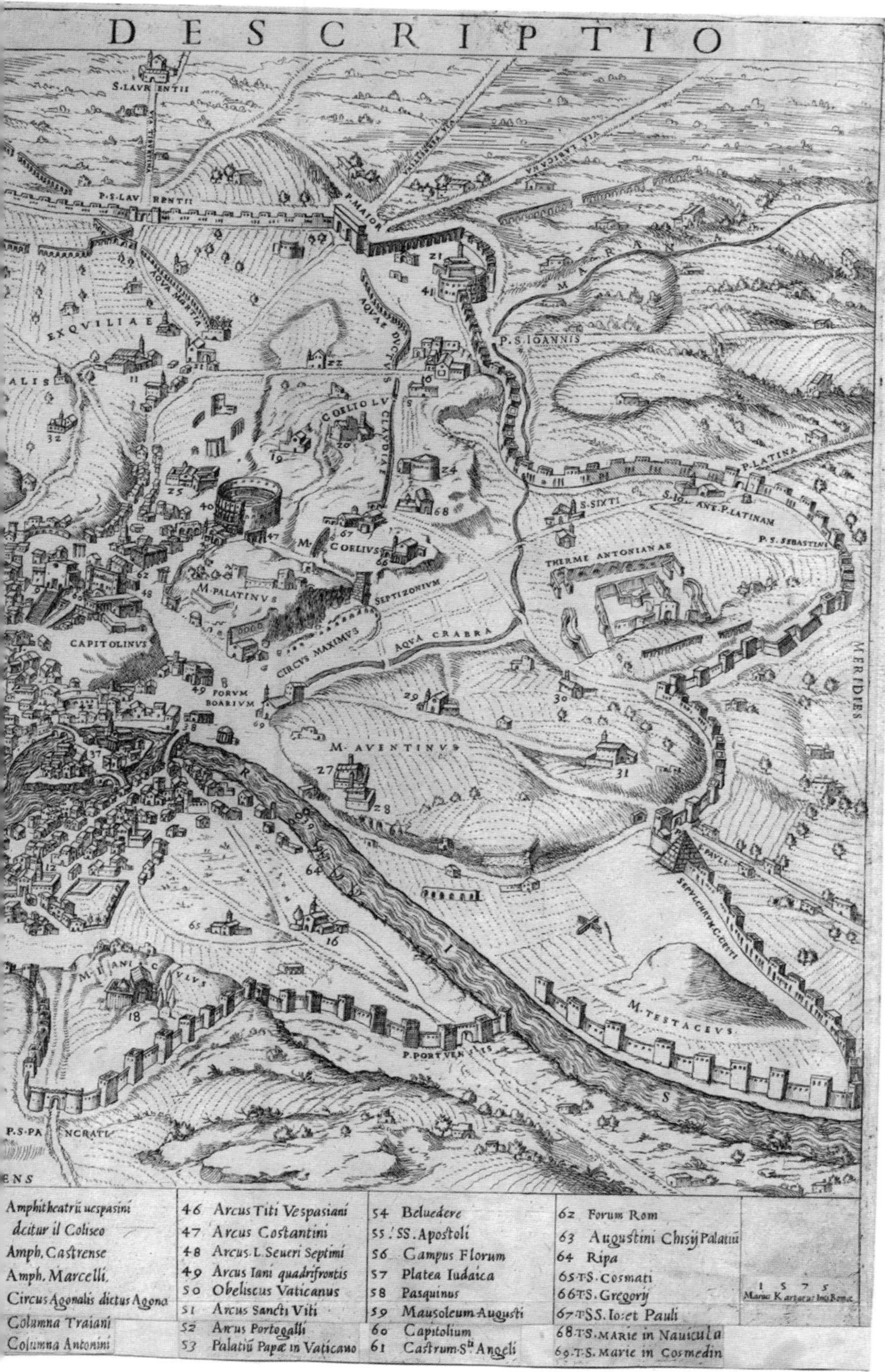

马里奥·卡塔罗于 1575 年绘制的罗马地图，显示了该市的主要古迹

第一次布匿战争中的罗马五列桨座战船及其靠岸舷梯

征服西地中海

然而，这是场完全不对等的战争。就敌对的双方来说，迦太基有着丰富的海上作战经验，而古罗马却只能算是个海上作战的新手。但是古罗马人一直不断地革新，更新自己的战船。迦太基人一直使用腓尼基发明的三列桨座战船，此时他们遇到了更加笨重的战船——五列桨座战船。五列桨座战船，配有近 300 名桨手，悬挂三块船帆：一块挂在前桅，一块挂在后桅，中间悬挂一张大型方帆。此外，工程师德米特里厄斯·波利奥赛特对船进行了革新，使得船上可以装置弩炮和弹射器。这项革新随即成为战船标准。然后，古罗马人改革了海战战术，他们放弃使用撞角，采取接舷战术。他们在船上设置了东方舷梯，上面配备了铁耙和铁钩。而后，他们还不断完善铁耙和铁钩，使之可以通过弹射器投射出去。

多次失败之后，罗马终于在公元前 260 年的迈勒斯海战中夺取首胜。迦太基放弃了西西里岛、撒丁岛、科西嘉岛，转而征服伊比利亚。然而，迦太基早该加强自己的舰队。在第二次布匿战争中，罗马依然掌握大海，这等于手握决定性王牌。因为尽管汉尼拔率领军队，出其不意地越过阿尔卑斯山，但在进入意大利之后，他便失去了支援。和雅典一样，罗马也想削弱对手的航海实力。在这次战争后，罗马和迦太基达成和约，条件是迦太基只能有 10 艘防海盗的舰船。在以后的所有条约中，该条款反复出现。在此条件下，第三次布匿战争仅仅只是一种形式而已，因为西地中海掌握在罗马手中，剩下的只有东地中海。

征服东地中海

亚历山大大帝的将军后裔瓜分了东地中海沿岸。腓力五世控制了马其顿，安条克三世占据塞琉古剩余地方，托勒密家族统治着埃及。雅典和罗得岛人民正在与腓力五世交战，他们向罗马寻求帮助。在库诺斯克法莱战役中，罗马取得了陆地胜利，签署了海洋和平条约。条约规定，马其顿必须放弃对希腊的所有控制，同时交出所有舰队，只保留 10 艘舰船，灭掉腓力五世只是一个时间问题。

另一个更强劲的对手一直在威胁罗马。这个对手就是安条克三世，他的参事是汉尼拔。汉尼拔一直希望塞琉古舰队夺取克孚岛，从那里将战争引至亚得里亚海、西西里岛和非洲。然而，安条克三世优先选择夺取希腊。公元前 191 年，安条克三世在温泉关战败，被迫撤至亚洲大陆。经历前期一系列事情之后，罗马最终在科里科斯角取得了海上胜利。事实再次证明注重完善武器是罗马人取胜的关键。古罗马人利用弹射器投掷铁钩，夺取了塞琉古 13 艘舰船，击沉 10 艘，而罗马只损失了一艘舰船。控制了爱琴海之后，古罗马舰队就可以通过达达尼尔海峡。最终，古罗马军团踏上了亚洲大陆，并于次年歼灭了塞琉古的最后一支舰队。罗马人甚至改进自己的战术，他们利用弹射器投掷烧红的铁条、油罐，亦或称为“海洋之火”的石脑油混合物。通过改进战术，罗马夺取了对手 40 艘军舰。最终，在攻占福恰之后，塞琉古帝国与罗马共和国签署了《阿帕米亚和约》。根据常规条款，塞琉古帝国须交出舰船，只保留 10 艘。最后，托勒密王朝已经岌岌可危，不再会构成威胁。于是，整个地中海落入罗马手中。但直到根除海盗之后，地中海才真正地成为“我们的海”。

罗马在公元前 3 世纪通行的货币阿斯，上面绘有战舰的船头图腾

卡布里埃代居厄的浅浮雕：两个奴隶拉一只船

根除海盗

我们看到，罗马同样表现出了海洋帝国的习惯特性:统治力量——通常是军事的和商业的，致力于规定只对自己有利的大海自由原则。长久以来，海盗被视为战争辅助力量。因此，海盗虽不好，但却有用。最后，海盗却成了古罗马元老们的一个担忧，因为前面我们已经提到，这些元老经常积极参与海洋贸易。

海盗在整个地中海沿岸横行，尤其在亚得里亚海和爱琴海，那里的海盗十分猖獗。镇压海盗的重任落在了统治者身上，但是镇压没有取得显著成功。由于缺乏财力和物力，统治者无法攻击这些时常令人生畏的海盗团伙，因为他们活跃在没有分界线的地区。公元前 74 年，安东尼厄斯获得了无限权力，负责所有海岸。他在打击利古里亚和伊比利亚海岸的小型海盗团伙时多次获得成功。而后，在打击克里特海的海盗时，由于对手十分难对付，安东尼厄斯失败了。

接下来，因为忙于与本都国王米特拉达梯交战，罗马舰队放弃了对海盗的打击，致使贸易受到牵连，造成物价上涨。更严重的是，北非、西西里岛和埃及的小麦交易被打乱了，导致人们担心出现饥馑，因为每年 1/3 的小麦需求都是经亚历山大港满足的。

在不同寻常的处境下，做出的决定同样不同寻常：公元前 67 年，加比尼乌斯通过了一项法案，该法案委任庞培担任所有海岸的最高指挥官，任期 3 年。尤为关键的是，该法案为庞培的政策提供了财力和物力。庞培能够自由征募 25 名军团长，装备 270 艘舰船，随意筹集军队。他将直布罗陀海峡到黑海这片海域分为三个区域，每个区域配备一支舰队，而他自己负责克里特海。他们在地中海沿岸巡逻了 3 个月的时

公元前 1 世纪，波佐利浅浮雕上的优美三列桨座战船

间，完成平定海盗的任务。接着，他们转向东方继续巡逻。他们总共抓了 800 艘船，处死了 1 万名海盗。除了个别残留，海盗基本被清除，一直到罗马帝国衰落都没再出现。海面恢复平静之后，罗马就可以勘探新的道路，尤其是在红海。

红海与奢侈品全球化

在托勒密王朝时期，红海被埃及大规模地开发。到了罗马人手中之后，红海进入了新时代——全球奢侈品贸易时代。作为第一客户，罗马开始寻找丝绸、珍珠、象牙、香料，当然还有辛香佐料。这些辛香佐料的用途十分广泛，它们既可以用于烹饪和制药，也可以用在男欢女爱和宗教活动(香和没药)之中。它们还有着十分重要的社会作用：在整个人类社会，辛香佐料广泛存在，它们不同的价格导致社会出现分层，有的人谈论高雅香料，有的人谈论大众香料。花椒是最普遍的，桂皮、丁香、肉豆蔻，甚至是姜，它们同样可以相互交换。苇斯巴芗大帝甚至在罗马中心专门给香料商分配了一个地方,这个地方就叫“胡椒商场”。这表明香料越来越重要了。

帕提亚帝国（安息帝国）打乱了奢侈品贸易的陆地通道，古罗马人越来越多地取道海洋。他们一直行进到曼德海峡，并在欧西利斯港安定下来。每年有上百只船从欧西利斯港出发，船上载着红酒、瓷器、首饰、艺术品，甚至还有大量的金币。然而，古罗马人只局限在东非沿岸，因为在阿拉伯那边，也门人坚持作为贸易中间商。但这并不意味着没有舰队尝试到印度洋冒险。《厄立特里亚海回航记》是一本佚名的港口和日常指导书，书中推荐了红海、阿拉伯南部和印度西海岸的一些商品。这本书就是印度洋冒险的有力证明。马克·欧莱勒甚至派遣大使前往中国，首次尝试从政治上连接西方和远东。这一行为标志着罗马帝国的顶峰。而后，罗马帝国开始没落，直至西罗马帝国灭亡。东罗马帝国建立之后，罗马继续书写另一种海洋历史。

拜占庭帝国：怀念罗马帝国

BYZANCE,
LA NOSTALGIE ROMAINE

拜占庭帝国梦想复兴罗马，这一梦想导致其兵力四处分散，最终造成了它的衰亡。拜占庭帝国是一个大陆帝国，但它想成为海洋帝国。可它又常常放弃海洋，因为它怀念罗马，一直想要复兴罗马帝国。不过，拜占庭帝国的努力终是徒劳无益。

复兴帝国

拜占庭帝国的一切地缘政治结构十分利于其成为一个具有广阔内陆的海洋帝国。首先，其首都君士坦丁堡是一个港口城市。其次，拜占庭帝国位于黑海和爱琴海的连接处，俯视达达尼尔海峡。最后，由于君士坦丁堡不断扩张，人口从300人增至40万人，拜占庭帝国的补给紧密依赖它的麦仓——埃及。此外，在数个世纪里，拜占庭帝国一直都是丝绸之路的必经之地。蛮族入侵使西罗马帝国陷入混乱。在西罗马遭遇入侵初期，拜占庭将所有精力集中在黑海、博斯普鲁斯海峡和地中海东海岸，那里汇聚了各种各样的商品，例如波斯的毯子和珍珠，印度的香料、象牙和珠宝，中欧的鱼子酱。但是拜占庭的战略目标前后矛盾。西罗马帝国存在的时候，拜占庭想要控制大海。西罗马帝国在476年灭亡之后，拜占庭却又要放弃大海。西罗马帝国灭亡之后，拜占庭帝国变得越来越“罗马”，

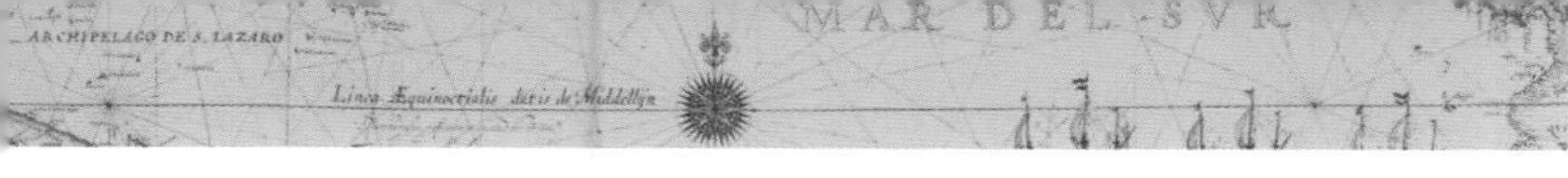

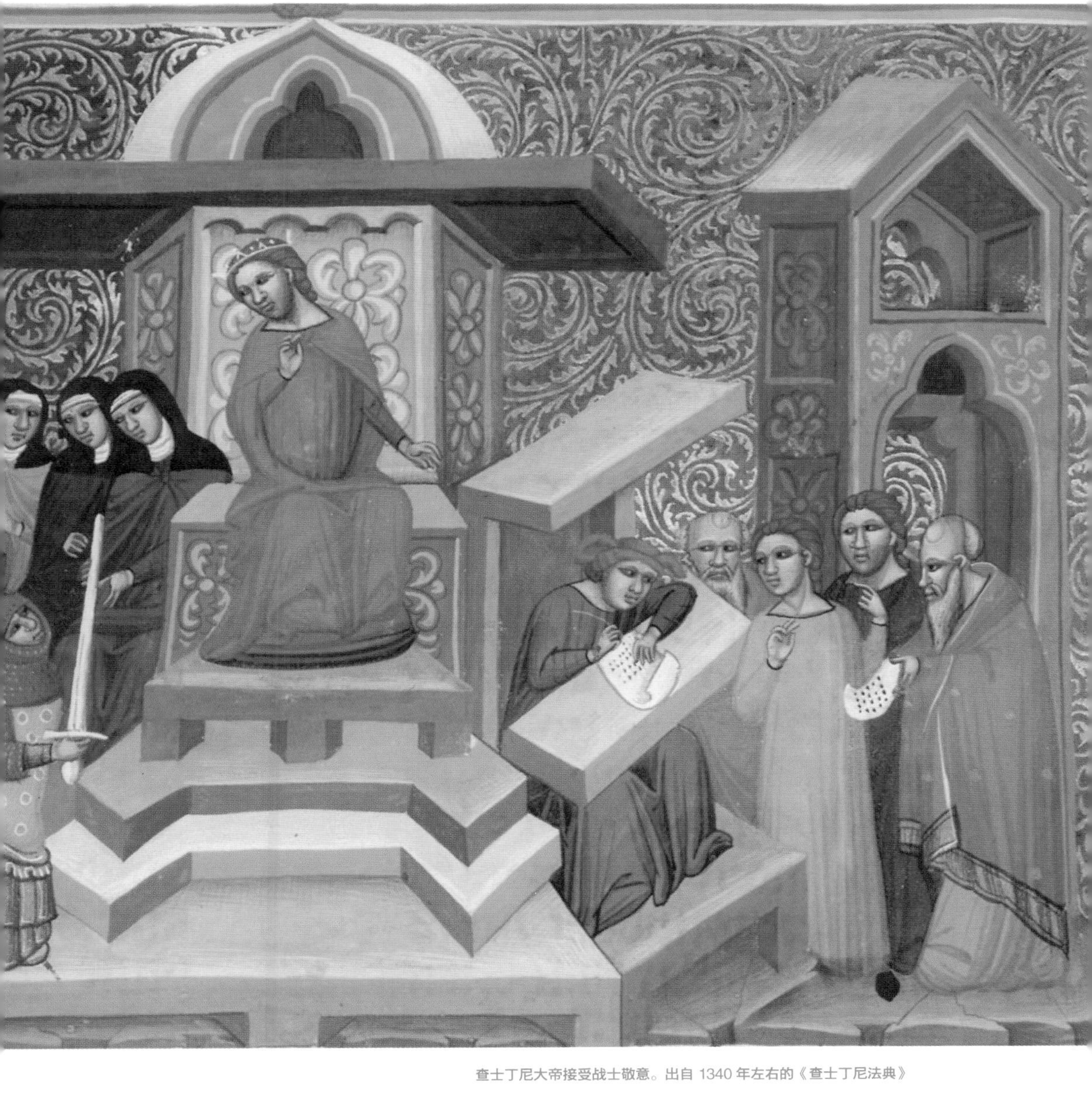

查士丁尼大帝接受战士敬意。出自 1340 年左右的《查士丁尼法典》

而不再是“拜占庭”，它决定收回西罗马帝国的领地。

在查士丁尼大帝统治期间（527—565 年），复地运动达到了顶峰。查士丁尼大帝的将军成功地夺回了北非和意大利。这些土地遗产却也害了查士丁尼大帝的继承人，并在很大程度上决定了东罗马帝国的命运。在经历大规模入侵之后，东罗马帝国本可以选择坚定向东行进，集中兵力对付波斯，确保掌握红海，警惕流动的阿拉伯部落变得更加具有侵略性，但它却未这样做。

伊斯兰转折点

虽然伊斯兰教徒有点被瞧不起，不过他们一点点地征得了新的土地。和拜占庭一样，波斯很晚才意识到征服土地后，它需要面对一个彻底转变的世界。在 7 世纪中叶，波斯萨珊王朝彻底灭亡，拜占庭却依然存在，但它失去了大量需要重新塑造的地区。拜占庭失去了北非，甚至埃及和整个叙利亚，剩下的只有安纳托利亚和巴尔干半岛。

此外，由于忙于对付保加尔人的入侵，君士坦丁堡被阿拉伯人围攻了将近一年(717—718 年),只差投降。但是拜占庭的海洋力量雄厚，它利用大型快速划桨船作为舰队先锋，拯救了君士坦丁堡。大型快速划桨船可以使船上的装备得到最大的利用，从而远距离摧毁敌人，因此深刻改变了海战。舰炮由 1 个炮台和 6 个弩炮构成。在炮台上，舰船两边各架有 20 个弩炮。6 个弩炮位于船前和船中。除了炮台和弩炮，还有一系列的抛射器，用以发射石头、火罐和蛇罐。弓箭手和标枪手的战位在桅杆中间。在开战前一会儿，他们通过绞架拉动升起，悬在桅杆上。在接舷战斗之时，绞架可以向敌船投掷重物，压碎一切经过之人或物。潜水者可以在任何时候派出，负责凿沉敌船，不过他们无法替代绝对武器——希腊火。希腊火的配方极为保密，现已失传。它最早出现在700年，由躲避阿拉伯入侵叙利亚的希腊人——加利尼科斯带到拜占庭。希腊火通过虹吸管（一种火焰喷射器）喷出。每个虹吸管都连着多个灵活的管子，这些管子通过青铜猛兽口部伸出，甚至可以根据战争需要，调整管子方向。船首的虹吸管由甲板下的容器补给燃料，该容器里面装的都是易燃混合物。除此之外，船两边各有一个虹吸管。有时候，船尾也会有一个虹吸管。在接舷战斗之时，还有一系列的手提虹吸管供士兵使用。每艘大型快速划桨船由多个桨手负责开动，加之船上设置了舰炮，所以基本没有载物空间。因此，每艘大型快速划桨船还需要加强配备：增加两艘军舰，负责携带食物、重装弹药和围攻设备。这两艘军舰的功能相当于今日支援舰的作用。

阿拉伯人的补给舰一直努力寻求与其困在欧洲边缘的军队汇合。在围攻君士坦丁堡之时，拜占庭有条不紊地击沉了阿拉伯人的补给舰，夺取了战争的胜利。由于饥饿和疾病，阿拉伯军队死伤惨重，被迫放弃围攻。740年，拜占庭再次在安纳托利亚战争中取胜，局势最终稳定下来。

接下来要做的就是重新建立一个围绕达达尼尔海峡，覆盖部分巴尔干半岛和安纳托利亚的帝国。从地缘政治角度来看，控制黑海，甚至还有爱琴海，都是至关重要的。克里特岛早于826年陷落，它需要重新收回，以保证拜占庭帝国东西之间海上交流的安全。直到961年，康斯坦丁七世才将克里特岛收回。4年之后，康斯坦丁七世又收复了塞浦路斯。

之后，拜占庭再次重蹈覆辙。受罗马影响，拜占庭向西部和西西

ΜΡ

圣菲索亚大教堂西南口的穹顶壁画

拜占庭军事首领斯拉夫人托马斯指挥舰队使用希腊火。出自 12 世纪的《马德里斯利特扎》

der werlt Blat CCXLIX

Von bestreitung der statt Constantinopel im .M.cccc.liii.iar beschehen.

COnstantinopel die statt ein stůl des orientischen kaiserthumbs vnd ein einige behawßūg kriechischer weiß
heit ist in disem iar am̄ andern tag des monats Junij von Machumeto dem fürsten ð Türckē fünftzig tag
belegert mit gewalt vnnd waffen bestritten. verwůestet vnd befleckt worden im dritten iar des reichs desselben
Machumets. der dañ dise statt zu land vnd wasser vmbschrencket vnd vil vnzallich körbe mit weydē gezeündt
damit sich die feynd bedeckten an die graben rucket vnd den thurn bey sant Romans thor mit einer großē mech
tigen bůchßen zerrüedet vnd nyderschoße also das der einfal des erckers oder der vorweere den grabē außfül
let vnd also ebnet das die feind darüber einen weg haben mochten. Als aber der Türck die mawrn an dreyen or
ten mit staynen verletzet vnd schier verzweiflet do vnderstund er sich auß ertrachtung eins treülosen verheyten
cristen schife von der höhe vber einen pühel abzelassen. Nw hett die statt ein lange vnd enge pforten gegen dem
auffgang der sunnen aneinander gepundne schiff vnd mit einer ketten befestigt. daselbsthinein zekomen den feyn
dē nicht müglich was. vnd auff das aber ð Türck die statt noch mer einzwengen vnd vmblegerñ möcht so ließe
er in der höhe auf dem pühel den weg ebnen vnd die schiff auß vnderlegten fassen wol bey. lxx. roßlawfen schie
ben vnd machet vom̄ gestadt gegen Constantinopel ein prugk bey. xxx. roßlawffen lang von holtz mit weyn faf
sen vnderlegt darauff das heer zu der mawrn lawffen mocht. Also wardt die statt Constantinopel vnnd auch
Pera gestürmet. die mawr vnd die thor beschoßen. vnd die öber mawr erstigen. also das die feinnd die burger in
der statt mit staynwerffen ser beschedigten vnd in dem einlawff der pforten bey achthunndert rittern auß den
Lateinischen vnd Kriechischen ermörten vñ erschlūgen vnd eroberten die statt. Alda warde der Kriechisch kay
ser Constantinus paleologus enthawbt. alle menschen sechs iar vnd darüber alt erschlagen. die priester vnd al
le closterlewt mit mancherlay marter vnd peyn getödt. vnd das ander volck mit dem schwert ermordt. vnd ein
sölchs plůtuergießen das plůtig beche durch die stat fluß. So warden die heilligen gotzhewßer vnnd tempel
erbermdlich vnd grawsamlich befleckt vñ entert vnd vil vnmenschlicher boßheit vñ mysßtat durch die wüet
tenden Türcken gegen dem cristenlichen plůt geübt. vnd das geschahe nach erpawung der statt Constātinopel
M. c. xxx. iar. oder da bey.

该画描绘了 1493 年在君士坦丁堡出版的《纽伦堡记事》中的故事

里岛扩张，但事实却要求拜占庭转向东方，因为维京人已经开始入侵安纳托利亚和黑海。最终，力量的分散导致拜占庭走向衰落。

维京人、十字军战士和土耳其人

事实上，维京人有三种行动。第一种是针对北冰洋和大西洋，第二种是针对俄罗斯河流，第三种则是受海盗启发，专门在诺曼底沿岸到地中海一带抢劫。在黑海，拜占庭除了应对未来的俄罗斯人，还需对付大量“诺曼人”(即维京人)。在入侵巴尔干半岛和安纳托利亚之前，“诺曼人”早已征服了西西里岛和意大利南部。

与此同时，源自中亚土耳其部落的塞尔柱帝国成了一个可畏的强国，它于11—13世纪占领了大部分美索不达米亚地区和安纳托利亚。虽然拜占庭已经衰弱，但它还是挺了下来，并继续向西寻找理想。曼努埃尔·科穆尔大帝巩固了小亚细亚和巴尔干半岛的阵地，以便更好地去收复意大利。不过，收复意大利是一个致命的幻想。

拜占庭最出色的后裔之一——威尼斯给了它致命一击。在第四次十字军东侵中，威尼斯改变了战争的最初目的地——圣地，转而征伐君士坦丁堡。1204年，君士坦丁堡被攻陷。1261年，拜占庭最后一个王朝——巴列奥略王朝的皇帝重新夺回君士坦丁堡。他们还企图重新建立一个勉强的拜占庭帝国。但故事的后续只是长久的没落，直至终亡。1453年，穆罕默德二世占领了未来的伊斯坦布尔，将其归入新生的奥斯曼帝国。

EUROPE
at the death of
CHARLES THE GREAT
814.
English Miles
0 100 200 400
North Sea
Ireland
England
Welsh
Picts
NORTHMEN
Saxonia
Austrasia
Aquitania
Gothia
Spanish March
Kn. of Asturias
Oviedo
Galicia
Emirat of Cordova
Toledo
Cordova
Lisbon
Bordeaux
Toulouse
Barcelona
Marseilles
Corsica
Sardinia
Minorca
Majorca
Iviza
Carthagena
Carthage
Sicily
Rome
Naples
Milan
Verona
Carinthia
Alemannia
Bavaria
MEDITERRANEAN
CALIPHATE
Church's Middle Ages
Longmans, Green

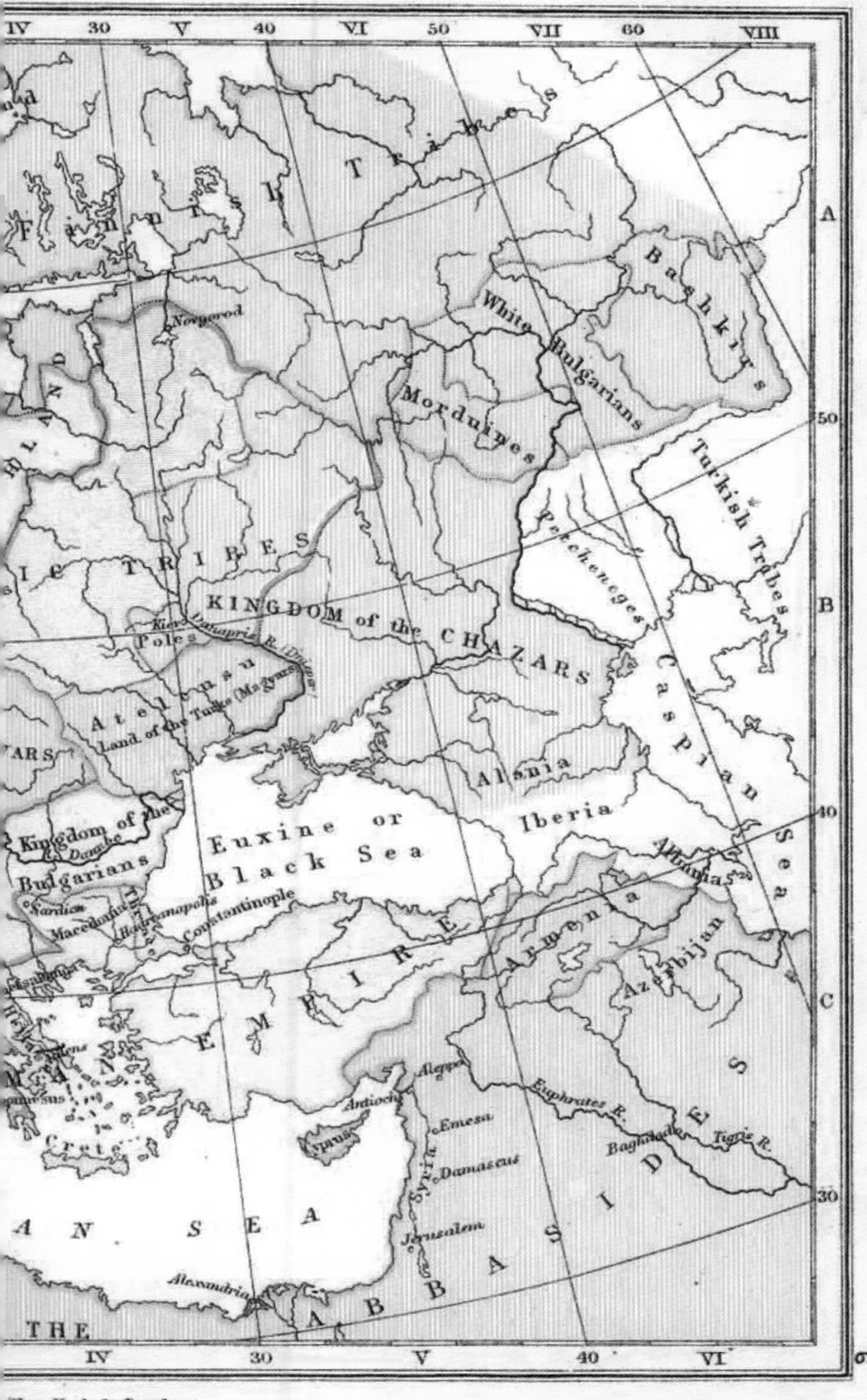

New York & Bombay.

814 年的拜占庭帝国，出自 1905 年《历史地图集》

O:PLENIS VE
E RRA:

维京人的探险

L'AVENTURE VIKING

在海洋地缘政治方面，维京人创造出了与众不同的传奇故事。在这些故事里，我们可以看到维京人建立商业垄断，占领战略产业，但他们的出发点只是对冒险的强烈渴望。维京人发明了龙头船，此船非同寻常。利用此船，这些永不知足的北欧战士抛弃刚征服的土地，不断地寻找其他地方，开拓新的疆域。

龙头船

任何舰船都无法比肩龙头船。该船造型独特，空前绝后。它的设计初衷就是为了偷袭，而非海上战斗，所以其航行速度是当时船舶的两倍，且行驶稳定。它既能溯江而上，又能奔赴远洋。它既能穿越塞纳河，到达巴黎，亦可在大西洋北极地区航行，直抵纽芬兰。不过，维京人长期征伐并非只靠龙头船。

事实上，自古以来，人们根据个人判断去航行，所以大家更喜欢沿海航行。穿越地中海本身就是一场冒险：大海的颜色、风和气流、白天的太阳、夜

晚的北极星，这些都是仅有的参照物。这些参照物不断变化，给人一种盲目转向的感觉。这种情况至少持续到 12 世纪末，那时欧洲人开始使用指南针。

维京人探险结束之后，指南针才被发明出来。因此，维京人还不具备指南针这种工具。但是，根据奥拉夫一世（公元 1000 年左右的挪威国王，他在维京人皈依基督教过程中起了巨大的作用）写的传奇故事，维京人拥有一种“太阳石”。通过观察太阳石，可以知道太阳的位置，即使是在暴风雨天气。

长久以来，人们认为这块石头充满了神秘感。直到

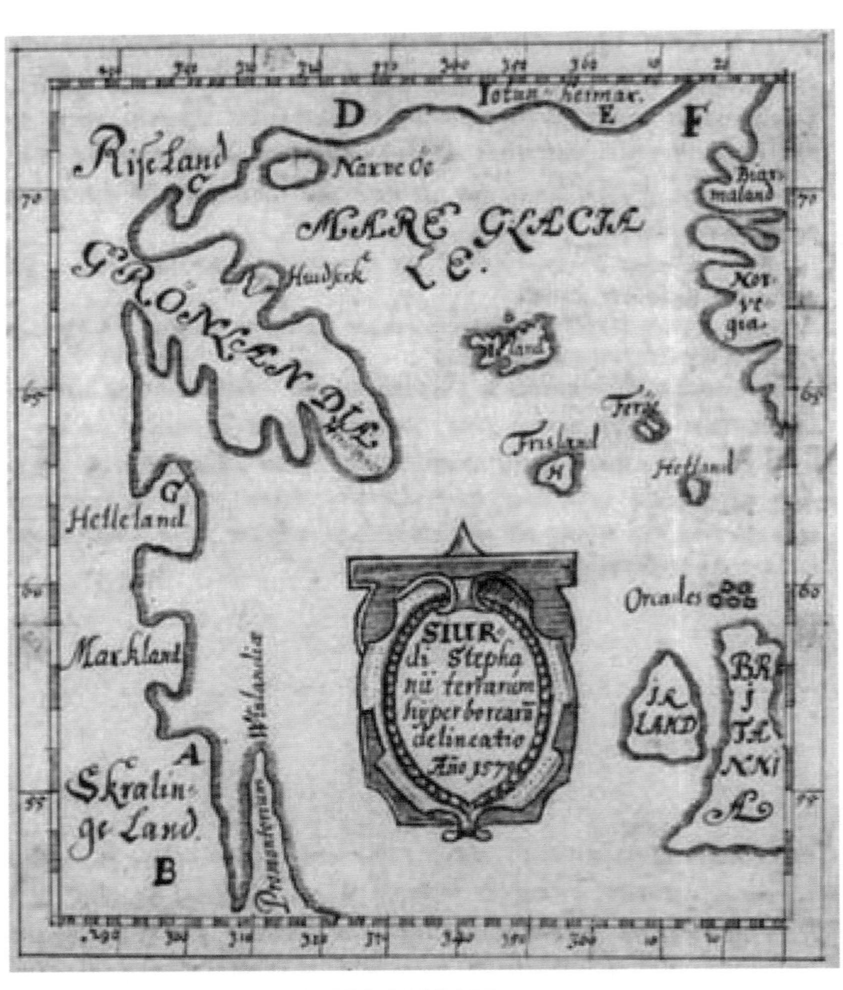

1590 年的斯考尔霍特地图，上面标注了拉丁美洲以及北欧的部分地名

最近，法国和美国的物理学家进行了一场研究，揭露了“太阳石”的科学原理。研究表明，“太阳石”成分就是方解石晶体。在北欧一带，方解石蕴藏丰富，十分常见。利用方解石，可以对偏振光去极化，从而判断太阳方位。

有了方解石的帮助，维京人便可以离开斯堪的纳维亚，首先来到欧洲沿岸进行探险。在那里，他们发现加洛林王朝土地富饶。大量贸易应运而生：东方的香料和丝绸、多瑙河的黄金、法兰克王国的武器、英国的黑玉以及莱茵的红酒，这些物品被用于交换奴隶、干鱼片、蜂蜜和毛皮。贸易可以增进彼此了解，发现对手弱点，因此它促进了海盗帝国的建立。

海盗网

很少有海盗的统治可以如此强大，其影响范围在时间和空间上都十分宽广，以至于我们可以客观地称之为“海盗帝国”。丹麦人是这场探险的发起者。查理大帝统治末期，丹麦人刚登上欧洲大陆，就被那里的资源吸引。查理大帝去世之后，丹麦人利用帝国瓜分争执之机，迅速发展壮大实力。

我们经常忽视维京人的商业天赋，但他们确实既是“战争之王”，又是“贸易之王”。他们有着自己的策略，这些策略绝非是趁乱抢劫，而是依靠骗取和垄断大型贸易。810 年，维京人开始发动袭击，并把弗里斯兰各个城市锁定为目标。弗里斯兰位于今日荷兰的北部，当时该地区的商业十分繁荣。

接下来,维京人通过大陆,实施袭击。这些袭击都遵循相同的原则：

O: PLENIS VE
E RRA:

巴约挂毯细节：征服者威廉一世穿越拉芒什海峡

海盗船在 845 年包围巴黎。19 世纪绘画

首先在河口的岛上安定下来，然后从这里出发，实施大型征伐。和努瓦尔穆捷一样，格鲁瓦岛也成了维京人的一处基地，以便他们截获运输的盐和红酒。除此之外，还有其他的基地，如塞纳河上的热弗斯、马斯河和莱茵河河口的瓦尔赫伦岛。依托这些基地，维京人一步步深入大陆，夺取杜里斯特（北欧最大市场），洗劫汉堡，甚至围攻巴黎、沙特尔和图尔。英格兰也未能幸免，泰晤士河的喇叭河口岸的小岛（尤其是谢佩岛）被占领，伦敦遭到洗劫。更让人震惊的是，维京人抵达了西班牙沿岸，占领了里斯本、加的斯和塞维利亚。十三年后，维京人再次出动，袭击摩洛哥，洗劫阿尔赫西拉斯、巴利阿里群岛、鲁西荣，夺取比萨和菲耶索莱。

也许是已经心满意足，这些维京人想给自己找个地方。在经历了长途征伐后，维京人打算稳定下来，找个地方安居。英格兰分为众多小王国，要征服它也更加容易。876 年，维京人在约克郡北部和泰晤士河之间建立了斯堪的纳维亚约克王国。在通过塞纳河入侵法国北部之后，维京人在 911 年获得了诺曼底。昏庸的查理三世居然信任这些新的国民[①]，指望他们保护法兰克王国北部，抵御外敌入侵。但征服者威廉一世一直都有冒险精神，他于 1066 年夺取了英国。在之前几年，征服者威廉一世的一些属下已经征服了西西里岛和意大利南部地区。此外，还是这些同样的西西里岛诺曼人[②]，他们延续了其强盗祖先的伟大传统，攻击了拜占庭帝国，并在圣地建立了新的国家——安提阿公国。丹麦人很晚的时候才有殖民思想。相比而言，挪威人一开始就有了殖民意识，他们建立了大西洋帝国。即使从今天的眼光来看，挪威人建

① 新的国民：指维京人。

② 诺曼人：指维京人。今天的诺曼人指的是定居在法国北部的维京人及其后裔。

立的大西洋帝国依然让人为之震撼。

大西洋史诗

由于南面被丹麦阻挡，挪威人只好转向更北的地方。700 年左右，设得兰群岛被占领。但真正的爆发在百年之后才开始。800 年前后，奥克尼群岛和法罗群岛被占领。苏格兰和爱尔兰也成为目标。839 年，维京人建立了都柏林，但他们的统治还很脆弱。随后在 860 年，维京人到达冰岛。在入侵之前，岛上只有几个爱尔兰修士。很快，这些人就被驱赶出去，取而代之的是一些完整的家庭。这些家庭马上开始养殖，从事农业。挪威和冰岛之间的频繁贸易就此产生。冰岛树木稀少，它通过出口羊毛，进口建筑木材。

红发埃里克被驱逐出冰岛，流放三年。982 年，红发埃里克和其他待流放人员一起，从海上出发，在一个地方安定下来。他把这个地方称为格陵兰，意为“绿色之国”，以便移居者听起来更富有吸引力。格陵兰吸引了一批外来人员，居民人口达到了 4000 人。事实上，格陵兰享有温暖的大西洋气候。在这种气候环境下，人们可以在避风区域种植谷物，也可以养殖牛羊，出口驰名产品：象牙、海象皮和北极熊皮毛。在改信基督教之后，这些维京人移民在格陵兰岛上修建了 12 个教堂，一个大教堂，一个修道院，以及一个女修道院，尽管岛上只生活着两百户农户。

仅仅在 10 年之后，即 992 年，莱夫·埃里克松沿着他父亲红发埃里克的足迹，继续向西出发，远行探险。他遇到了拉布拉多半岛，并继续走下去，又看到了圣劳伦斯河河口，最后发现了纽芬兰。他在纽芬兰停航过冬之后，又去了一个更南的国家（缅因州和波士顿地区）。这个地方长满了野生葡萄树，他将这里取名为文兰。在返回的时候，莱夫·埃里克松满载着木材和葡萄。看到他满载而归，有人就在文兰和圣劳伦斯河北岸的马克兰建立了一家殖民公司。维京人与印第安人发生了口角，最终演变成双方对打，致使他们没法在此定居。但是在1350年左右之前，维京人一直都在那里搞一些零星的侵犯，以此获得格陵兰缺乏的木材。

1200年，“小冰期”来临，气候恶化。如果冰岛和格陵兰没有受到“小冰期”影响，那么大西洋帝国就有可能在美洲建立一个欧洲人的长久据点。一系列的剧烈火山喷发使冰岛的处境更加严重。1104年，海克拉火山爆发，喷出的火山灰淹没了半个岛屿，导致大量农田被人遗弃。没有了冰岛的支撑，格陵兰也在1500年左右没落了。

袭击之路，以货易货

在瑞典人身上，我们看到了维京人探险的另一面：他们主要是沿江而行，进行贸易。由于西面被挪威和丹麦挡住，瑞典人为了交易，转向东方。在向西征伐之前将近一百年，瑞典人首先通过提升旧拉多加中心的实力进行扩张。750年左右，旧拉多加成了瑞典贸易的中心。在更北的地方，生活着大量的毛皮动物，旧拉多加成了向北开拓领地的理想基地。除此之外，旧拉多加扼制江河通道。通过这些江河要道，可以直抵当今俄罗斯的中心地带。但在当时，俄罗斯没有引起人们太多兴趣。

实际上，一直到8世纪彻底结束，伊斯兰教兴起，事情才有所转变。

斯诺里・斯蒂德吕松所著《挪威王列传》

穆斯林征服者进入伏尔加河，使用优质银币。维京人受银币吸引，追寻这些人的脚步，以便弄清他们来自哪里。830 年左右，“罗斯人[①]”（和今天的称呼一样）走遍了俄罗斯的江河，并与伊斯兰世界和拜占庭建立了直接的贸易联系。不过，他们并不满足于简单的贸易。他们依靠一系列城市，建立了一个真正的贸易网络。这些城市既是贸易中转站，又是贸易商行。在这些城市中，有些是新建的，例如诺夫哥罗德；有些则是征服得来的，例如基辅。但所有的这些城市都是用来控制“内陆”。从此，“内陆”需要纳贡，贡品包括毛皮和奴隶。而后，这些贡品又被拿来换取白银。

这一商业帝国延续了将近两个世纪。一直到阿拔斯王朝，银矿枯竭，维京人才最终舍弃他们的阵地。当然，丹麦国王克努特大帝登基也是其中一个因素。克努特大帝抢占了英国，以及挪威，集中控制了波罗的海周围的政治和贸易。克努特大帝建立的帝国是维京人探险最后的辉煌。虽然它只维持了二十五年，但是它深深地改变了贸易路线。伦敦成为大型商业贸易的终点站。通过基辅、诺夫哥罗德、比尔卡、吕贝克，伦敦汇聚了来自中国、印度、巴格达和拜占庭的贸易。同时，这也让佛兰德沿岸的贸易活动重新建立并再度活跃起来。布鲁日开始兴起，威尼斯也露出头角，数百年来构建欧洲的贸易中心地图正在成型。

① 罗斯人：罗斯人的法语写作 les Rus，俄罗斯人写作 les Russes，二者发音一样。“俄罗斯”一词即来自“罗斯”。事实上，罗斯人也是维京人的一支。

ASIA
PERSIA
CHREMANIA
LOR
PERSIA
PARTHIA
ASIA

热那亚和威尼斯：地理大发现的实验室

GÊNES ET VENISE, LABORATOIRES DES GRANDES DÉCOUVERTES

地理大发现在意大利城邦内初露端倪。在意大利城邦，人们发明了信用票据，这对长期探险战争而言尤为关键。最终，制海权模式走向了帝国模式：不管在贸易上，还是权利上，热那亚和威尼斯再现了强大的海洋实力，威尼斯甚至建立了“海洋之国”。

威尼斯共和国的天赋

和迦太基一样，威尼斯虽然臣服于拜占庭，但和拜占庭相距甚远，威尼斯便巧妙利用这一点进行扩张。腓尼基曾臣服泰尔，威尼斯则从属拜占庭。虽然它们都受到它者的保护，但因距离太远，所以没有遭遇它者干涉，不过其受到的保护足以保障自身安全。

威尼斯的运气和天赋在于懂得利用突厥部落——佩切涅格人的入侵获得利益。事实上，在抵达伏尔加河、第聂伯河和顿河等俄罗斯大河沿岸时，佩切涅格人截断了重要贸易通道。当时，斯堪的纳维亚人通过这条路，用车把北欧产品运送至拜占庭。从10世纪开始，

佩切涅格人对抗基辅军队。出自 12 世纪《马德里斯利特扎》

威尼斯商人靠着运气，另寻他法，建立了一条新的路线。他们沿波河而上，穿越阿尔卑斯山、罗讷河，最后穿过香槟地区，抵达佛兰德。因此，他们成了新的南北贸易中间商。

当君士坦丁堡无法离开威尼斯之后，威尼斯开始扩大优势。通过帮助拜占庭抵抗诺曼人，威尼斯获得了拜占庭皇帝阿莱克修斯一世的金玺诏书（庄严的敕令）。该诏书授予威尼斯在拜占庭帝国全境（除了黑海）自由贸易的权利，免除其税款和关税，并特许三个沿着金角湾的“停泊港”。威尼斯逐渐取代了拜占庭，成了东西中转贸易的平台。利用十字军东侵，威尼斯把商队贸易的终点站设在了新的免税国家的港口城邦。1202 年，威尼斯共和国改变了第四次十字军东侵的计划。借此机会，威尼斯从经济控制转向了政治控制，这就造成了拜

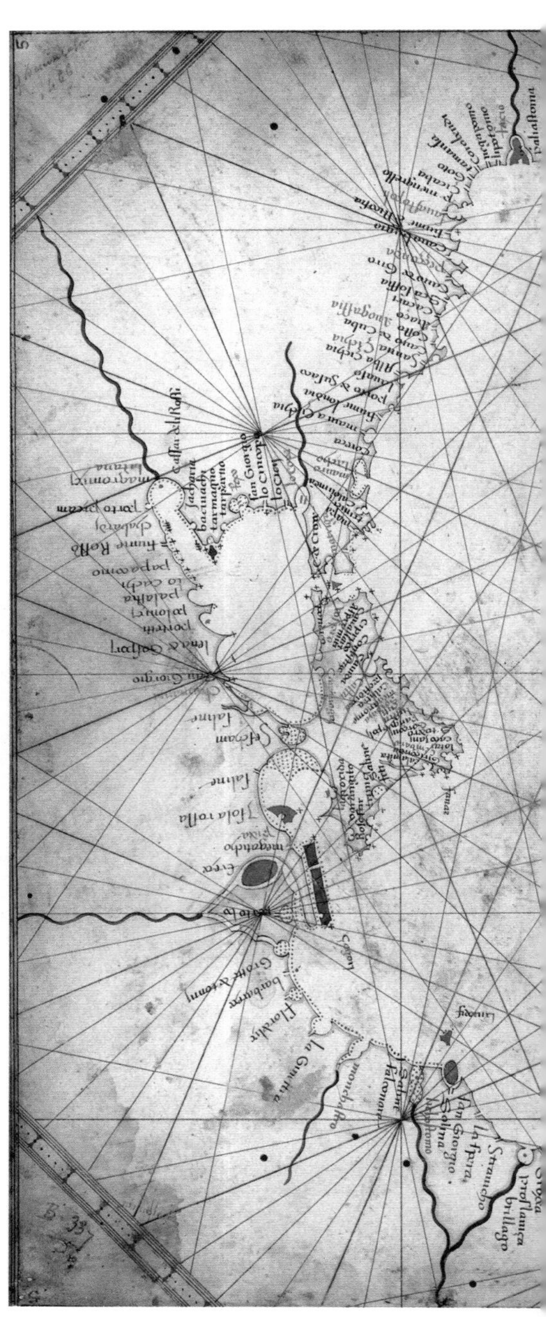

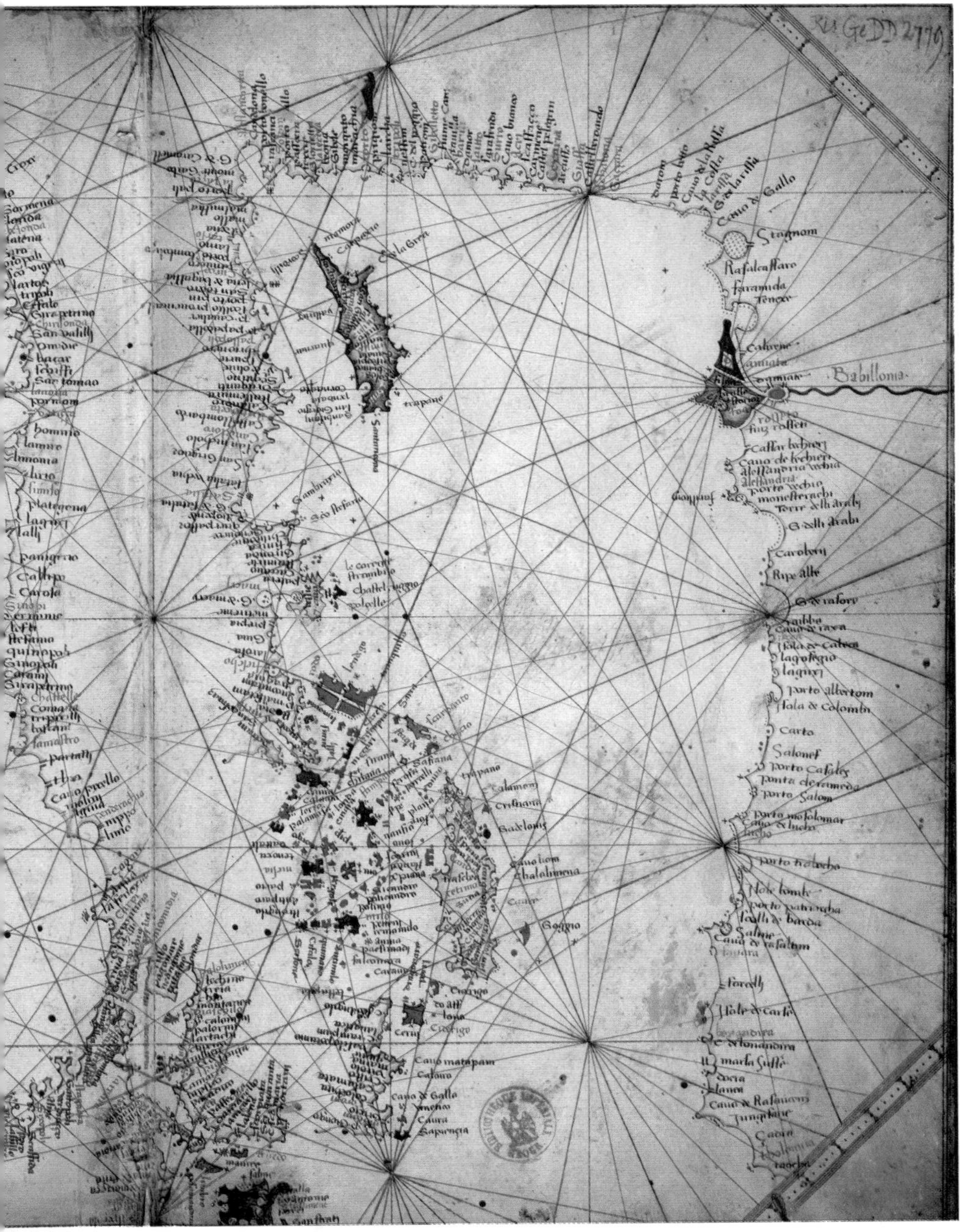

地中海东部和黑海。出自 1466 年《航海图史》

占庭帝国的衰落。

威尼斯放弃了表面的权利，它任由十字军战士在拜占庭帝国的断壁残垣上建立公国、王国，或是帝国，而自己则致力于最重要的事情：在有着其贸易利益的沿线建立强大的中转网络。首先，威尼斯加强了对巴尔干半岛西海岸到伯罗奔尼撒半岛和爱奥尼亚群岛地区以及亚得里亚海的控制，并从那时起将亚得里亚海称为“威尼斯湾”。为了确保进入君士坦丁堡和黑海，爱琴海群岛和色雷斯的几个中转站亦必不可少。第四次十字军东侵之后，威尼斯占领了拜占庭 3/8 的国土。至于黑海，它为威尼斯提供了进入东方的入口。最后，克里特岛具有重要的战略地位，这不仅是因为其农业资源丰富，更多是因为它是东地中海海洋要道的转折点，连接亚历山大港和君士坦丁堡。

威尼斯共和国渴望建立“海洋之国”，但又不想增加自己的财政负担。于是，它决定征服科孚岛、爱奥尼亚群岛、伊庇鲁斯和伯罗奔尼撒半岛的港口、科罗尼和迈索尼（塞瑟拉岛和安迪基西拉岛）、基克拉泽斯群岛、埃维亚岛，由此构建了一条通往君士坦丁堡的“珍珠链”。除了征服领地，威尼斯得到了拉丁帝国的同意，在君士坦丁堡（在拜占庭帝国于 1261—1453 年复辟期间，君士坦丁堡依然存在，随后被奥斯曼帝国占领）获得了税务特权，它还可以进入黑海上的远方商行（从卡法到特拉布松或亚速）。此外，威尼斯共和国在亚历山大港设立了贸易使馆和机构，确保与印度和中国之间的往来贸易。

海洋之国

除了在其贸易路线上建立中转站，“海洋之国”还赋予了中转站新

1486 年，威尼斯造船厂。艾哈德 · 瑞威奇 绘

的功能：同时承载经济利益和公共利益。海军兵工厂的转变即是证明。在那之前，海军兵工厂只是用于舰队的季节性保养，帆缆索具、木材和武器的存放，之后则成了真正的海事基地。一直以来，船舶建设都是在城市的多个工地完成。从这时起，船舶建设都集中到了一个地方——新海军兵工厂，它同样负责生产大炮。此外，威尼斯在亚速成立了国家绳缆厂。这样做的目的是让威尼斯共和国拥有一支舰队，配备 100 多艘持久、统一和专业的双桅战船。甚至在 1473 年，威尼斯还成立了"最新海军兵工厂"。该厂虽未完工，但它深刻改变了船舶的建造：以前补给设备都是分门别类储放，而今却集中放在该船只的特定位置。

威尼斯的双桅战船十分出名：它每年武装四支大型舰队。其中，黑海舰队分为两批，一批沿顿河而上，直至蒙古和俄罗斯商队的终点——亚速；另一批则去往特拉布松，寻找红酒，高加索、鞑靼和蒙古奴隶，珍珠，黄金，鱼子酱，毛皮，丝绸，蜡及香料。第二支舰队装载着棉花，在巴勒斯坦与叙利亚之间往返，因为威尼斯垄断了棉花收购市场。这支舰队还会经过伯罗奔尼撒半岛、克里特岛和塞浦路斯，装载希腊葡萄酒，运至北欧。第三支舰队是最重要的，它连接埃及和亚历山大港，装载最珍贵的食品：胡椒、桂皮、生姜、丁香、肉豆蔻、蔗糖，染色底料（没食子、介壳虫、靛蓝植物），药材，橡胶（树脂汁、玛蹄脂），芦荟和其他东方芳香植物。威尼斯将这 1 万吨的香料运至北欧，在那里换取金属（铜和锡），英国羊毛，甚至是纺织车间的手工品。

威尼斯的厉害之处在于船舶管理，而非可用船舶数量。15 世纪上半叶，历史学家估计威尼斯的贸易营业额达到 10 万杜尔卡[①]，利润率在 40%~60%。诀窍是什么？首先，船队适时轮换，船舶不会长久停

① 杜尔卡：旧时在许多欧洲国家通用的铸有公爵头像的金币。

在码头。其次，货舱装载空间最优化，使得收益最大化。以盐为例，它被用来压载船舱，确保运输珍贵但是轻盈的食品的船舶的平衡。

此外，1280—1585 年，威尼斯共和国垄断了地中海东岸地区的盐田。它把所有的本地盐生产集中在阿迪杰河和波河附近的基奥贾，以此垄断意大利西北地区的全部市场。对于保存食物而言，盐至关重要，任何人都不能离开盐。作为仅有的、唯一的盐供应商，威尼斯成功地利用这种“白色黄金”的销售利润，维持其海洋统治。威尼斯以 8 杜尔卡的价格从批发商手中买下盐，将其存在海关，然后再以每大桶（计量单位，相当于 2.4 立方米）10 杜尔卡的价格卖出。这种异乎寻常的高收购价像是一种“倾销”，其目的是在香料贸易中挫败热那亚、马赛和巴塞罗那。

对威尼斯共和国而言，一切都是赚钱的机会：除了盐，还有去圣地朝圣。在朝圣这件事上，威尼斯是特许参与者。它把大帆船的船舱布置一番，垄断了这一利润丰厚的市场。一次朝圣就可以为一趟东方之旅提供 2/3 的费用。凭借贸易天赋，威尼斯开始建立“内陆”，这是它为其海洋统治建立牢固基础的唯一方式。

大陆之国

通过控制内陆，威尼斯为其船舶、手工业、农业和军队储备了人手。15 世纪初，威尼斯控制了帕多瓦、特雷维索、维罗纳，随后又控制了弗留利群岛、布雷西亚和贝加莫。1454 年，在与米兰签署《洛迪和约》之后，威尼斯控制了波河多个据点。威尼斯建立了“大陆之国”，任何外国船舶如果没有获得允许，没有支付高额通行税，不能在亚得

CORUS
CIRCIUS
M
VENETIE
M.D
FAVONIUS
P
A
AFFRICUS
IUDECA
O
AUSTER

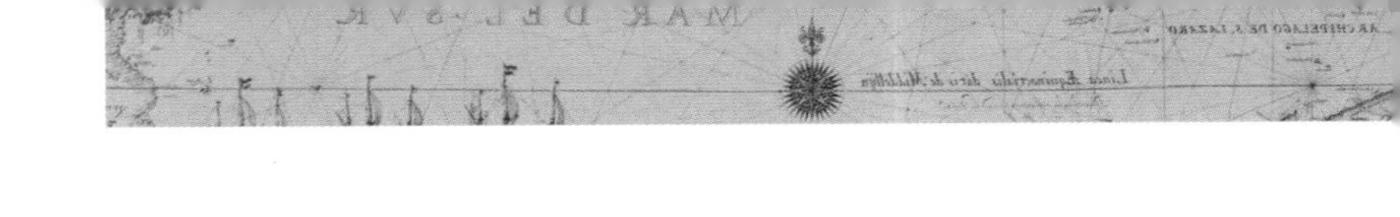

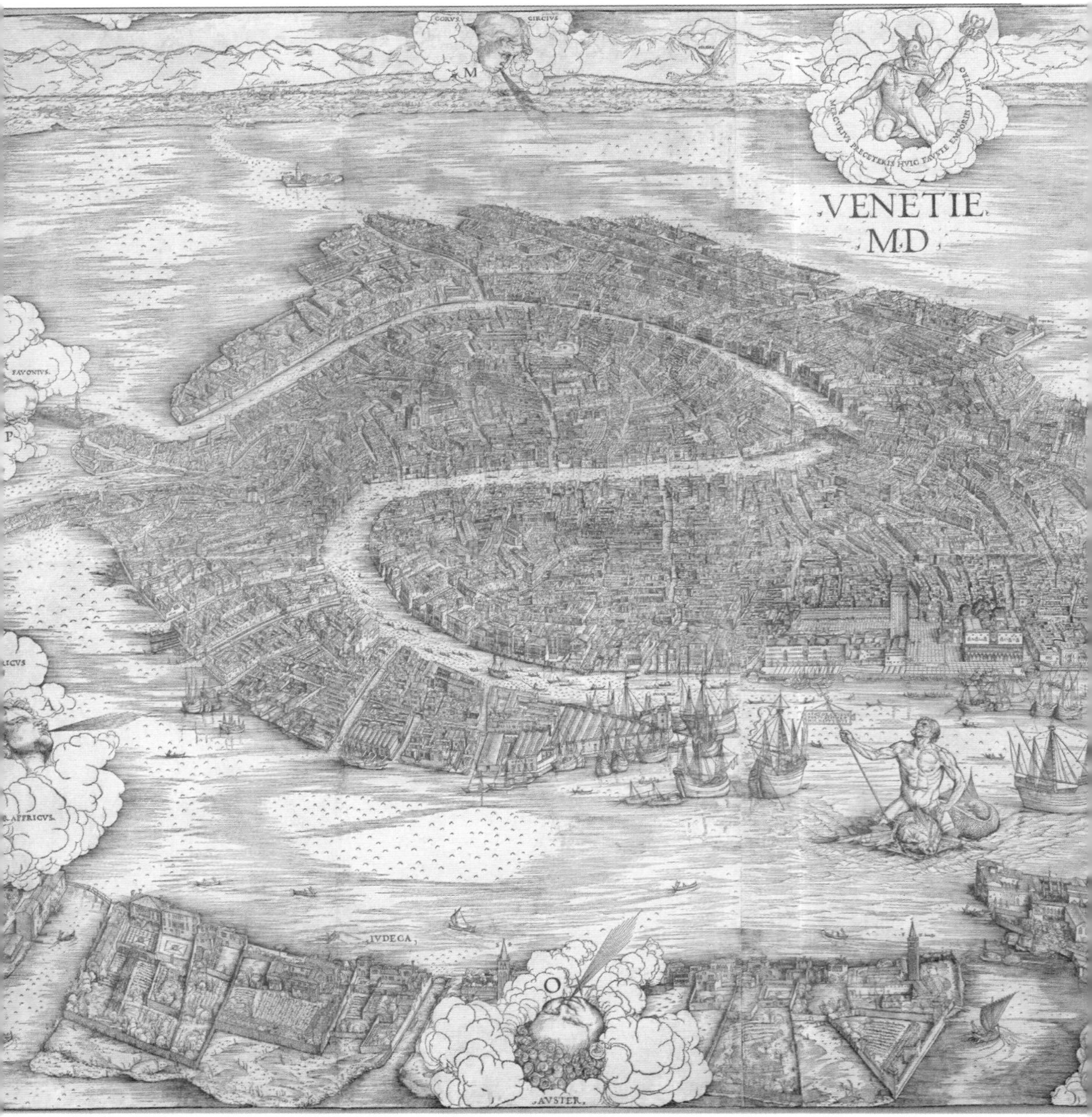

雅各布・德巴尔巴里的木刻画：威尼斯风景

里亚海航行。正是因为其“内陆”，威尼斯共和国才会激烈地抵抗奥斯曼帝国的扩张。

1291 年，奥斯曼帝国在阿克里夺取了胜利，标志着圣地的自由出入到此结束。但奥斯曼的胜利似乎并未影响威尼斯的发展。事实上，威尼斯在塞浦路斯周围改组重建，它先是在经济上控制塞浦路斯，而后于 1489 年从政治上控制了塞浦路斯。阿克里衰落之后，由于控制了塞浦路斯岛，威尼斯便绕过了教皇禁止去亚历山大港的命令。塞浦路斯岛成了穆斯林和基督徒的船舶汇合点。然后，由于罗马教皇又允许每年可以有 6 艘双桅战船和 4 艘圆船前往亚历山大港，大型造船厂便投入了使用。

不过，在 15 世纪初期，威尼斯在海洋和陆地取得的成功都十分短暂。君士坦丁堡在 1453 年衰落，爱琴海和黑海的入口关闭，埃维亚岛同样在 1470 年落入了土耳其人手里。奥斯曼帝国的实力提升让威尼斯共和国遭遇了严峻的考验，但还不至于彻底挫败它。此外，葡萄牙绕过非洲也未能造成威尼斯的衰落。葡萄牙锋芒初露之后，威尼斯将自己定位于高质量香料市场，依然保持着不可逾越的地位。在 16

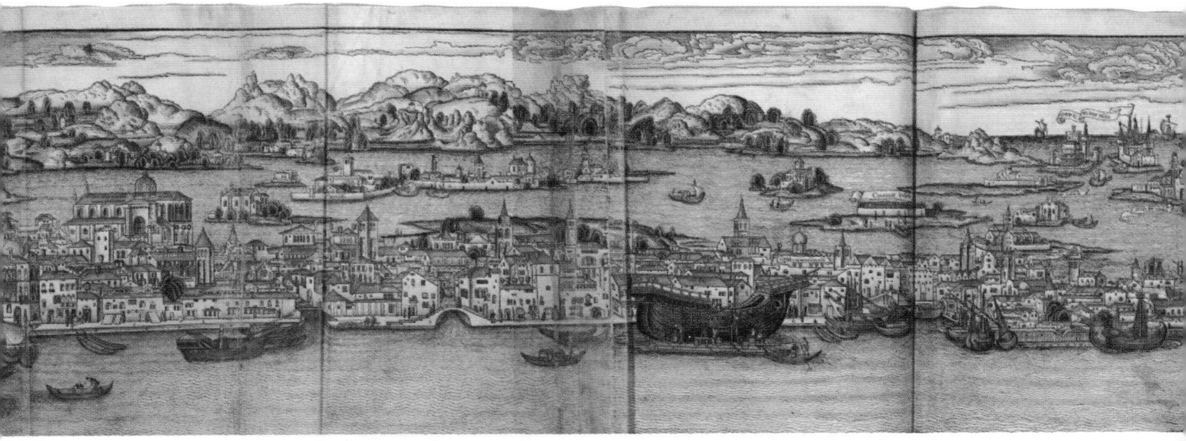

威尼斯透视图。艾哈德·瑞威奇 绘

世纪中叶，威尼斯甚至能够占有里昂 85% 的胡椒贸易。

事实上，威尼斯的衰落在于其无法想象一个新的世界，因为它只限于局部，不考虑全球大局。然而，威尼斯的手上却有全部的地图，包括陆地和海洋。马可·波罗一家见证了广阔的贸易网络，例如威尼斯与红海入口——埃塞俄比亚建立了联系。甚至在 1402 年，埃塞俄比亚皇帝派了一个使团，成功抵达威尼斯，并带来了豹子和香水。在佛罗伦萨的图书馆保存着一副从威尼斯到印度的路线图，该图描绘了一条经由阿克苏姆的道路，证明了威尼斯对远东的认识。不过，威尼斯共和国更愿意与其“亲爱的”地中海紧密相连，而热那亚早已转向了未来：大西洋。

热那亚：创造未来

热那亚共和国刚好与威尼斯共和国相反。热那亚主要是船商的商业圈子，它与其他对手国家不同。哪怕是它们的诞生，也各不相同，因为威尼斯共和国轻松地从其保护者——拜占庭的束缚之下脱离而出，

而热那亚共和国则要进行激烈的抗争，以获得存在权利。

事实上，没有任何东西可以让我们预测到未来热那亚共和国的传奇命运。首先，热那亚所处的环境对其不利。从 8 世纪开始，摩尔人控制了科西嘉岛和撒丁岛，封掉了热那亚进入远洋的所有入口。当时，比萨共和国是一个强国。只有在与比萨联盟之后，热那亚才翻转了命运：11 世纪，摩尔人被最终征服。热那亚获得了撒丁岛北部、博尼法乔、巴斯蒂亚、卡尔维以及科西嘉岛的部分土地，剩下的则归属比萨。但是，这种划分为将来双方的对峙埋下了种子。

不过，由于基督教军队远征正如火如荼地进行，热那亚和比萨的冲突迟迟未爆发。基督教军队远征需要意大利城邦的舰队合作，否则便无法成功，因为意大利城邦的舰队可以为其运输部队、后勤补给和支援。意大利城邦从基督教军队远征中得到了大量的利益，甚至在圣地产生了一系列影响。1097 年，热那亚参与占领安提阿，获得了相当一部分地区，并得到了贸易特权。而比萨占领了老底嘉，威尼斯占领

热那亚。出自 1572 年，德国科隆《世界城市图集》

了阿克里。热那亚继续夺地，它占领了朱拜勒（位于今日的黎巴嫩），但它还不能与比萨相抗衡。这一时期，比萨控制了从莱里奇到奇维塔韦基亚的所有意大利沿岸，托斯卡纳群岛，科西嘉岛和撒丁岛的大部分地区，它还夺取了摩洛哥到拜占庭，普罗旺斯到突尼斯一带的贸易路线。与此同时，热那亚和比萨在第勒尼安海上的冲突开始增多，直到 1284 年梅洛里亚海战爆发。在这场战役中，热那亚最终挫败比萨。于是，热那亚夺取了科西嘉岛，该岛成了它的麦仓。它还夺取了撒丁岛、利沃诺港。但最重要的是，热那亚摧毁了比萨港，使其对手比萨丧失一切海洋野心。最后，从束缚中解脱之后，热那亚变成了“最尊贵的热那亚共和国”。

东方的诱惑

热那亚共和国在东地中海巧妙地发挥作用，它帮助拜占庭巴列奥

热那亚景观

略王朝的皇帝抵御十字军国家。拜占庭于1204年落入十字军战士手中之后，1261年君士坦丁堡又成为拜占庭帝国的首都，热那亚也自然而然因此获利。拜占庭把威尼斯的特权给予了热那亚。此外，热那亚还从拜占庭那里获得了博斯普鲁斯海峡上的加拉塔地区。热那亚便从加拉塔开始建立其黑海霸权。

这一时期，由于圣地战争，黑海具有特殊地位。十字军国家和穆斯林之间的冲突，以及穆斯林的内部冲突导致亚历山大港无人理会。红海和波斯湾很少受人理睬，商队重新找到路线，他们绕过黑海，到达克里米亚。从那时起，热那亚开始构建商行网络，以此吸引不同的贸易。首先，热那亚在克里米亚建立商行，以此垄断小亚细亚的明矾，因为明矾是羊呢染色的唯一方法。很快，热那亚在赫尔松、巴拉克拉瓦、阿卢普卡、雅尔达、苏达克、刻赤，以及卡法（今称费奥多西亚）也建立了商行。接下来，在多瑙河的河口，这里分布着圣乔治、巴里亚、加拉达、伊兹梅尔、里克斯托莫、埃拉克西亚和康斯坦察等商行。最后是在亚速海，这里是钦察汗国、马特里达和亚速的连接点。

热那亚在整个地中海建立了一系列的中转站，例如安纳托利亚半岛的停泊港覆盖了库沙达瑟、锡诺普，途径福恰、君士坦丁堡和阿玛斯特里斯（今土耳其的阿玛斯拉）。其次，航海的时候可以依靠莱斯沃斯岛、希俄斯岛、伊卡里亚岛和萨摩斯岛。热那亚的舰船甚至穿过直布罗陀海峡，抵达布鲁日和伦敦，转卖珍贵的明矾。

热那亚的成功不可能让威尼斯无动于衷，威尼斯早已决定将热那亚人从东地中海驱逐出去。凭借创新型战船，热那亚共和国长久以来一直强于威尼斯共和国。1298年，热那亚利用这种战船，在科尔丘拉岛夺取了胜利。这场战争格外重要，因为热那亚抓捕了马可·波罗。“利

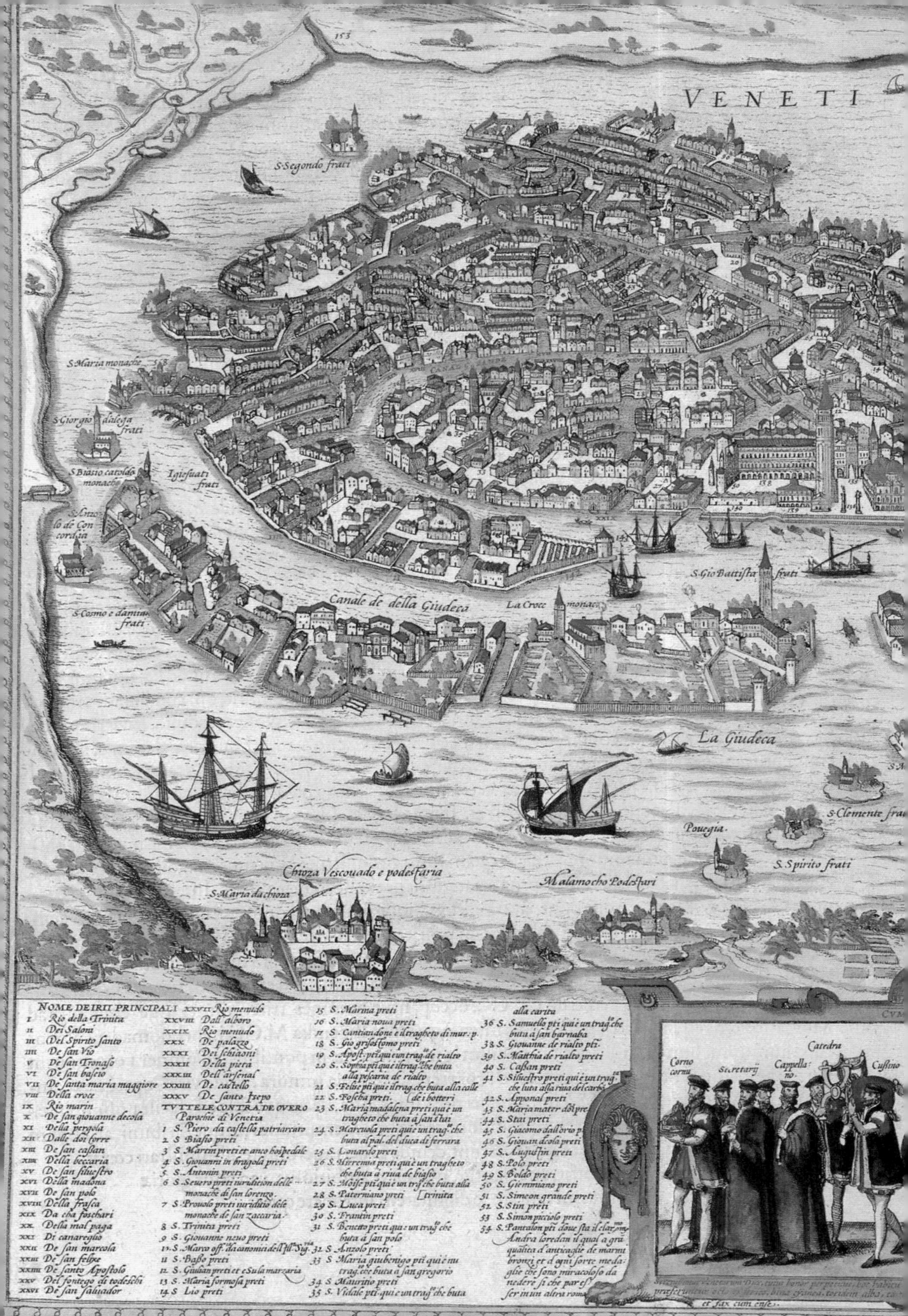
VENETI
S. Segondo frati
S. Maria monache
S. Giorgio dalega frati
S. Biasio catoldo monache
Igiesuati frati
S. Cosmo e damian frati
Canale de della Giudeca
La Croce monac
S. Gio Battista frati
La Giudeca
S. Clemente fra
Pouegia
S. Spirito frati
Malamocho Podestari
Chioza Vescouado e podestaria
S. Maria da chioza
Catedra
Corno cornu
Secretarij
Cappellano
Custino
NOME DEI RII PRINCIPALI
I Rio della Trinita
II Dei Saloni
III Del Spirito santo
IIII De san Vio
V De san Tronaso
VI De san baseio
VII De santa maria maggiore
VIII Della croce
IX Rio marin
X De san giouanne decola
XI Della pergola
XII Dalle doi torre
XIII De san cassan
XIIII Della beccaria
XV De san siluestro
XVI Della madona
XVII De san polo
XVIII Della frasca
XIX Da cha foschari
XX Della mal paga
XXI Di canareglio
XXII De san marcola
XXIII De san felixe
XXIIII De santo Apostolo
XXV Del fontego di todeschi
XXVI De san saluador
XXVII Rio menudo
XXVIII Dall' alboro
XXIX Rio menudo
XXX De palazzo
XXXI Dei schiaoni
XXXII Della pietà
XXXIII Dell' arsenal
XXXIIII De castello
XXXV De santo sepo
TVTTE LE CONTRADE OVERO Parochie di Venetia
1 S. Piero da castello patriarcato
2 S Biasio preti
3 S Martin preti et anco hospedale
4 S. Giouanni in bragola preti
5 S. Antonin preti
6 S. Seuero preti iuriditio delle monache di san lorenzo.
7 S. Prouolo preti iuriditio dele monache de san zaccaria.
8 S. Trinita preti
9 S. Giouanne nuo preti
10 S. Marco off. da canonici dell Ill. Sig.ria
11 S. Basso preti
12 S. Giulian preti et e Su la marzaria
13 S. Maria formosa preti
14 S Lio preti
15 S. Marina preti
16 S. Maria noua preti
17 S. Cantian done e il tragheto di mur: p.
18 S. Gio grisostomo preti
19 S. Apost. pti qui e un trag.to de rialto
20 S. Sophia pti qui e il trag.to che buta alla pescaria de rialto
21 S. Felise pti qui e il trag. che buta alla calle de i botteri
22 S. Foscha preti.
23 S. Maria madalena preti qui e un tragheto che buta a san stai
24 S. Marcuola preti qui e un trag.to che buta al pal. del duca di ferrara
25 S. Lonardo preti
26 S. Hirremia preti qui e un tragheto che buta a riua de biasio
27 S. Moise pti qui e un trg.to che buta alla trinita
28 S. Paterniano preti
29 S. Luca preti
30 S. Frantin preti
31 S. Benetto preti qui e un trag.to che buta a san polo
32 S Anzolo preti
33 S Maria giubenigo pti qui e un trag.to che buta a san gregorio
34 S Mauritio preti
35 S. Vidale pti qui e un trag.to che buta alla carita
36 S. Samuello pti qui e un trag.to che buta a san barnaba
38 S. Giouanne de rialto pti.
39 S. Matthia de rialto preti
40 S. Cassan preti
41 S. Siluestro preti qui e un trag.ta che buta alla riua del carbo
42 S. Apponal preti
43 S. Maria mater dni pre
44 S. Stai preti
45 S. Giacomo dall'orio p
46 S. Giouan dcola preti
47 S. Augustin preti
48 S. Polo preti
49 S. Boldo preti
50 S. Giemmiano preti
51 S. Simeon grande preti
52 S. Stin preti
53 S. Simon picciolo preti
54 S. Pantalon pti doue sta il clar.mo Andra loredan il qual a gra qualita d'anticaglie de marmi bronzi et d'ogni sorte medaglie che sono miracoloso da nedere si che par esser in un altra roma

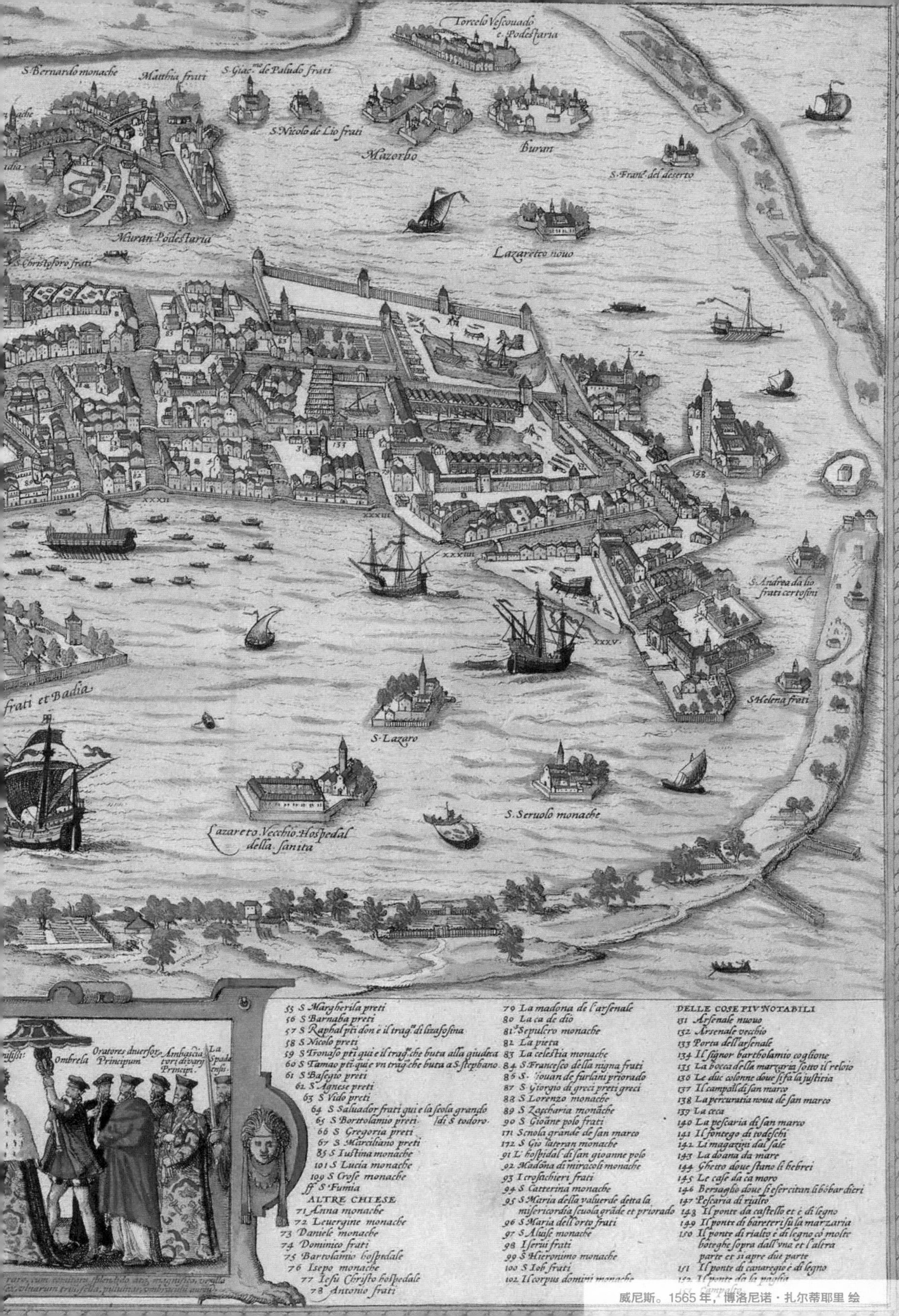

威尼斯。1565 年，博洛尼诺・扎尔蒂耶里 绘

《马可·波罗游记》抄本

用”在热那亚监狱中的日子，马可·波罗写下了它的《马可·波罗游记》。无论如何，热那亚共和国没有可以保障其公共和平的政治机构。归尔甫派和吉伯林派[①]以及贵族和平民之间的争吵削弱了热那亚的力量，很大程度上造成其在基奥贾战役中失利。1381年的《都灵和议》正式承认了威尼斯的统治，威尼斯重获其在君士坦丁堡的一切特权以及在黑海自由贸易的权利。不过，黑海却面临着来自土耳其的越来越强的压力。一个世纪之后，卡法对奥斯曼军队敞开了大门，不过热那亚的利益目标早已不在那里，因为一个新的围绕西地中海的帝国已经诞生。

海上的直布罗陀海峡

随着在黑海和小亚细亚的商业活动范围缩小，热那亚人企图在西地中海和直布罗陀海峡西部进行活动。正因如此，热那亚依然是中世纪最后两个世纪的主要经济力量之一。

长期以来，热那亚人走遍突尼斯、斯法克斯、贝贾亚、波尼（今阿尔及利亚的安纳巴）和君士坦丁（在今阿尔及利亚），他们把这些地方当作其航向西欧的中转站。他们把在伦敦或者南安普敦买的羊呢拿来换取皮革、羊毛和油。由于地中海南岸缺乏商人，热那亚人成了北非阿拉伯和穆斯林世界的独一无二的船商，以至于热那亚船上的大部分货物都是亚历山大港和摩洛哥之间的贸易商品。

卡瑞克帆船由三根桅杆组成，可以毫不费力地运载1000多吨货物。

① 归尔甫派和吉伯林派：又称教皇派和皇帝派，是中世纪时期意大利中部和北部分别支持教皇和神圣罗马帝国的派别。

maroch

tastana

caudeger

tocorom

caudesabium

plages arenoses

uferen

tenfir

hude

capdeabach

ulindefez

tuvega

tocoror

riu del or

insula de paloleo

flumen gehon

加那利群岛，摩洛哥沿岸和西非。1413 年，马西亚·德·维拉德斯特斯（马略卡岛犹太制图师）绘

该船为热那亚人带来了巨大的优势。事实上，卡瑞克帆船让我们想起了今天的集装箱货船。卡瑞克帆船在大型贸易中心之间来回穿梭，运输货物，而后再由吨位稍小的船只负责将货物转运到次要港口，因此卡瑞克帆船可以实现利益最大化。和今天的海洋巨轮一样，这种帆船需要水位够深，港口合适。于是，连接地中海所有大型“商行”的真正海上高速航路应运而生。

热那亚的商人在马格里布，以及马拉加、伦敦、格拉纳达都拥有合伙人和代理商。在格拉纳达，人们喜欢热那亚人胜过卡斯蒂利亚人，因为当时卡斯蒂利亚人似乎只想着“收复失地”。热那亚商人已经在东方建立了一个由基地和垄断构成的第一帝国，他们又在沿岸建立了第二帝国。北欧船只很少到这些沿岸探险，威尼斯船只更少来了，因为威尼斯人忙于守卫传统阵地。

这一新的基地将热那亚人放到了信息网的中心，这些信息不停地吹嘘非洲的黄金资源。如果说威尼斯垄断了东边的香料贸易，热那亚则寻求垄断非洲黄金，并投入大西洋探险。事实上，非洲比人们描述的还要长。绕行非洲不止追溯到热那亚人。我们看到，腓尼基人可能早已绕过了非洲，而腓尼基的后代——迦太基人则在非洲西岸，至少一直到几内亚湾一带安稳地扎根。从这一时期开始，热那亚的“环洲航行”尝试主要是想占据苏丹的黄金贸易。

1291 年，当特奥多西奥·多利亚、乌格里诺和瓦迪诺·维瓦尔第兄弟 3 人投入到环洲旅行计划中来的时候，他们也只是踏上了他们遥远先人的足迹。为了这次旅行，他们武装了两艘双桅战船，乘船经过马略卡岛和直布罗陀海峡，沿着非洲沿岸，一直到几内亚湾，最后在那里失踪。这场失败并未阻挡人们当时的劲头。14 世纪初期，热那亚人发现了马德拉群岛，并将其命名为马德拉群岛——“木材岛”。1312年，热那亚人继续到加那利群岛探险。其中加那利群岛的一个发现者兰萨罗特·马罗切洛用其名字命名了一处岛屿——兰萨罗特岛。整个亚速尔群岛也被人发现，该群岛其中一个岛屿被命名为圣乔治岛，以此向威尼斯共和国的圣人圣·乔治致敬。另外一个岛屿——今日的特塞拉岛，其原来的名字叫作布拉兹，该名字在地图上不停地在变，直到确定为南美洲西部地区“巴西”的名字。

然而，大西洋探险很快就结束了，因为法国、葡萄牙和卡斯蒂利亚之间的竞争过于激烈，同时阿拉贡在地中海开始扩张，占领了巴利阿里群岛、西西里岛、科西嘉岛和撒丁岛。这些信号表明新的海洋势力已经在不断出现，他们将迫使过于微弱的意大利城邦放弃利益。不过，在发现美洲之后，热那亚懂得巧妙地重新自我定位。作为西印度和西班牙之间贸易的唯一分包商，热那亚成了帝国的银行家，始终保持辉煌，直到阿姆斯特丹取而代之。在被革命风暴卷走以前，这两个意大利城邦——威尼斯和热那亚都在持续地发光发热。它们导致了地理大发现，这次发现翻开了海洋帝国的新篇章。然而，最后还需明白为什么是欧洲人掀起了这场探险，而不是中国人、印度人或者是伊斯兰世界。

伊斯兰国家：错过机遇

LES TERRES D'ISLAM, UNE OCCASION MANQUÉE

过去，阿拉伯航海家在技术和描绘世界方面一直领先欧洲人。他们是东非和印度沿岸最早的探险家，他们不断地行进，直至东南亚岛屿，之后又到了中国。当时，中国的主要城市都有大量穆斯林商人群体。然而，阿拉伯人带来的只是商业影响，他们对统治没有任何渴望。关于这点，存在多种不同原因，但主要归为两类。一方面，现行政治体制不稳定。在政权更迭战争和对外战争期间，不稳定的政治体制无法长久维持海洋抱负。另一方面，由于管理土地面积巨大，阿拉伯人倾向于待在陆地。

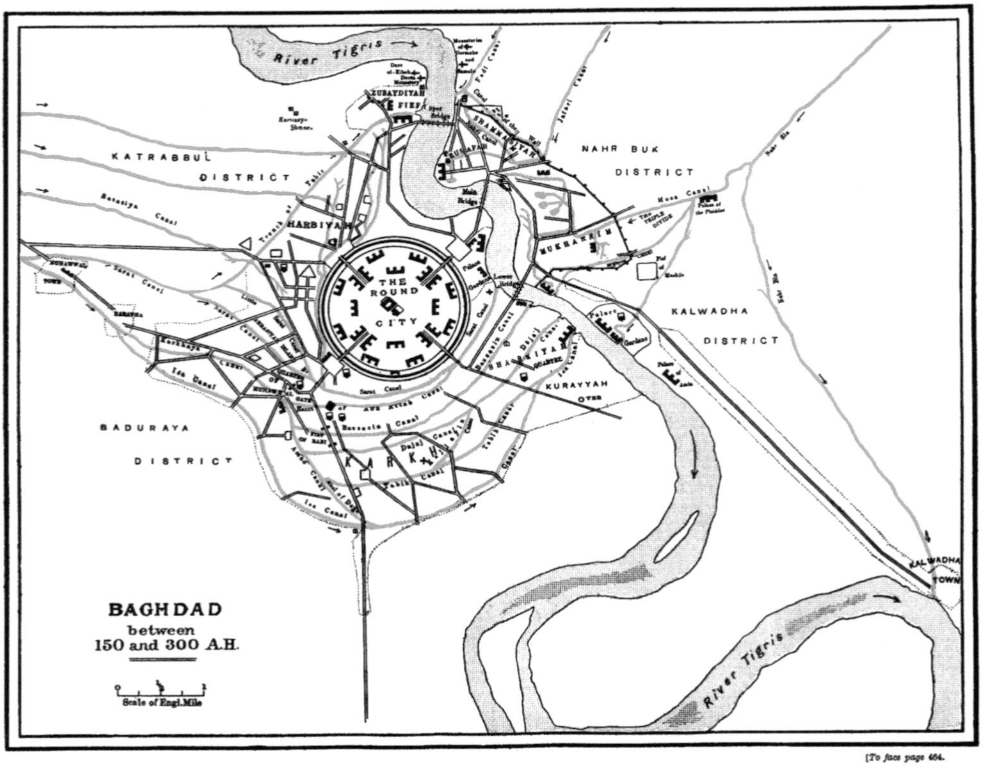

[To face page 464.

767—912 年间的巴格达市

东非主宰

阿拉伯商人在红海和亚丁湾一带十分活跃。借助有利的风势，这些阿拉伯商人自然而然转向了东非。冬天的时候，可以利用季风和信风南下；而到了夏天，则可凭借季风和信风再返回到东非。水手辛巴达的冒险故事可以证实当时阿拉伯商人的活动范围：从波斯湾到亚丁湾，从红海到印度洋。

从 8 世纪开始，波斯湾地区的君王们开始追求象牙、豹皮、布料、木材，甚至还有黄金和东非奴隶。比方说，阿曼就在帕泰岛至摩加迪沙沿海一带建立了一些商行。接下来，那些逃避阿拔斯王朝逊尼派迫害的什叶派教徒来到东非，并大量定居在摩加迪沙和巴拉韦。与此同时，还有一些主要来自设拉子的什叶派教徒，他们在蒙巴萨、奔巴岛、基卢瓦岛，以及科摩罗部分地区定居下来。人们在科摩罗的昂儒昂岛发现了这些人的踪迹。

外来穆斯林和班图人混合通婚后，一种全新的文化和语言由此诞生。这一语言被称作斯瓦希里语，它的名字来自阿拉伯语，意为“海岸”。1000 年以后，贸易变得频繁。北方的城邦开始与印度进行贸易，而南方的城邦则在赞比西河河口建立商行，尽力满足日益增长的黄金需求。那时，摩加迪沙、马尔卡、巴拉韦、帕泰岛、拉穆岛、马林迪、格迪、蒙巴萨、潘加尼、桑给巴尔岛的基济姆卡济、马菲亚岛的基西瓦尼，以及基卢瓦岛，它们之间彼此竞争。基卢瓦在赞比西河河口南部的索法拉省建立了商行，从而控制了黄金流动。正因如此，直至 14 世纪，基卢瓦岛一直保持第一的领先地位。马达加斯加部分沿海地区，即阿拉伯人熟知的“瓦克瓦克”，最终也加入这场商业贸易之中。15 世纪末，商业贸易发展达到顶峰。

这一时期，葡萄牙人来到了印度洋，打乱了一个世纪以来的贸易。葡萄牙先是控制商业，而后进行帝国统治。葡萄牙十分擅长“分而治之”的手段，东非沿岸城市成了葡萄牙人手里的玩偶。瓦斯科·达·伽马先与马林迪结盟，这一联盟延续了将近两个世纪。接下来，瓦斯科·达·伽马于 1502 年进攻索法拉，1505 年进攻基卢瓦岛和蒙巴萨，1509 年攻击马菲亚岛、桑给巴尔岛和奔巴岛，唯有摩加迪沙幸免于难。

17 世纪末期，在荷兰人的干涉下，情况发生转变。荷兰人决定把葡萄牙人赶出沿海地区，他们支持阿曼人的扩张。1698 年，蒙巴萨陷落；1699 年，桑给巴尔遭遇同样命运；1710 年，基卢瓦也被攻占。这次袭击把已经转向大西洋的葡萄牙赶到了德尔加杜角的南端。象牙和奴隶贸易的扩张激起了阿曼收复失地的决心。1785 年，阿曼重新占领基卢瓦岛；1800 年，占领桑给巴尔；1837，占领蒙巴萨。所以，当英国禁止其盟友或者保护国在德尔加杜角——（印度）第乌东侧一带从事人口贸易活动时，作为英国保护国的阿曼苏丹国于 1840 年将首都从马斯喀特迁至桑给巴尔，以此绕过英国的限制。桑给巴尔开始了大规模的经济扩张。当时，主要有三大支柱产业：第一，象牙贸易；第二，人口贩卖；第三，丁香种植，这些丁香来自摩鹿加群岛（今印度尼西亚），于 1818 年引入桑给巴尔。其中，人口贩卖对于丁香种植不可或缺。1840 年左右，桑给巴尔和奔巴岛本地的丁香种植迅猛发展，其中 2/3 的丁香出口到印度。1856 年，桑给巴尔苏丹国脱离阿曼独立。进

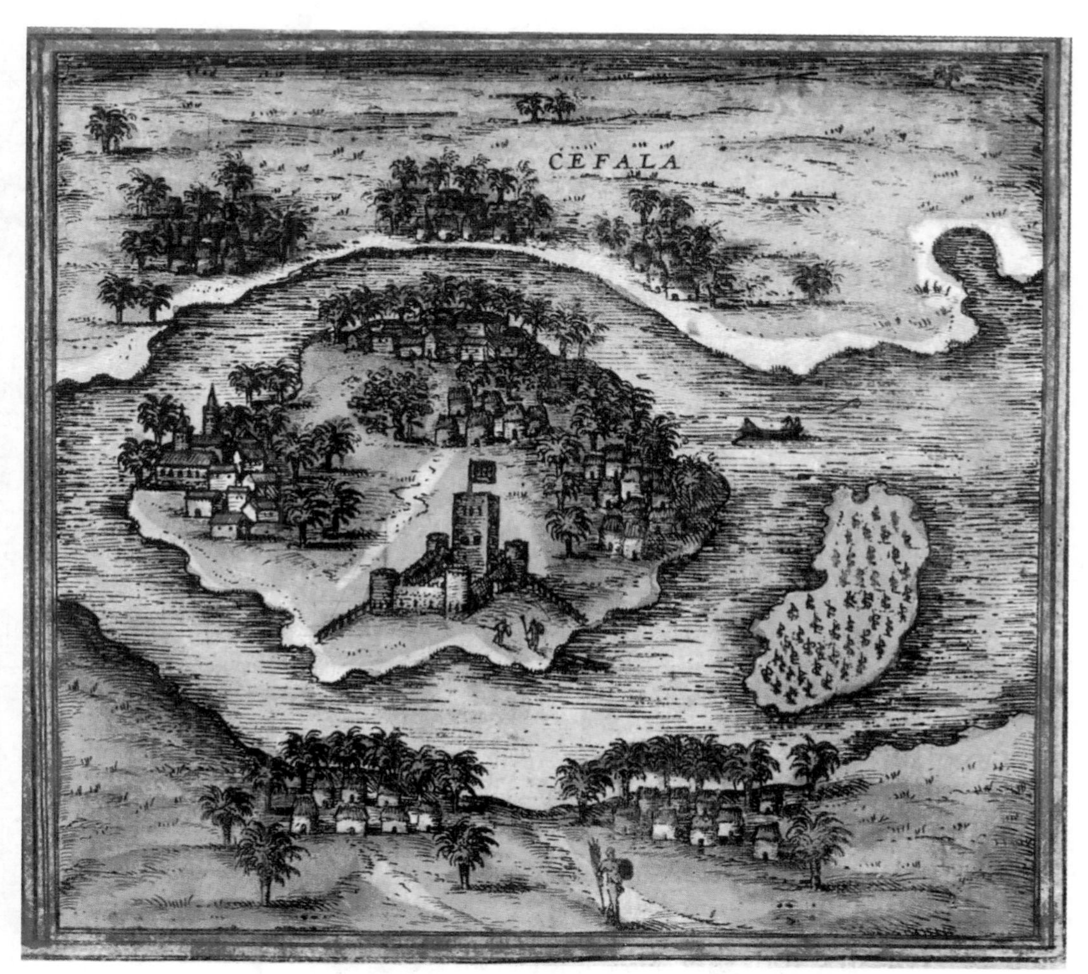

索法拉市。出自 1572 年，格奥尔格·布劳恩和弗朗茨·哈根贝格《世界城市地图》

TVRCICVM
IMPERIVM
Concordia res parvæ crescunt
Discordia maximæ dilabuntur.
MARE MAGIORE ol. PO
MARIS MEDITERRANEI PARS.
AFRICÆ
Linea sub Tropico Cancri.
NVBIÆ
REGNI
PARS

1654 年起的奥斯曼帝国地图

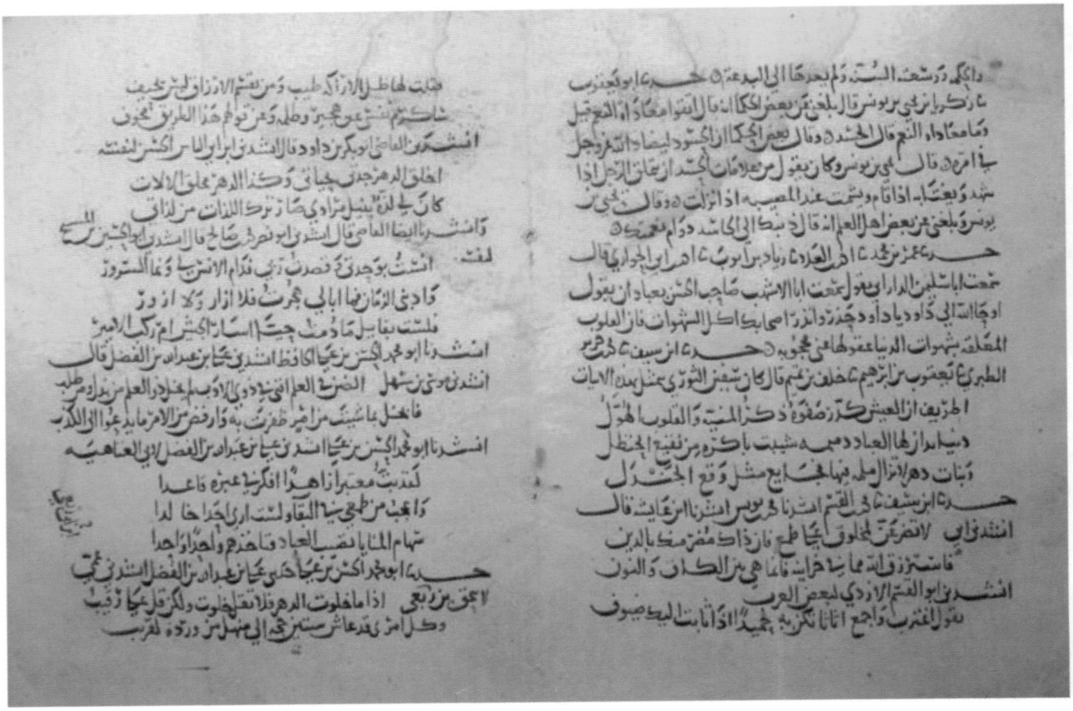

阿拔斯王朝的文字手稿

入 19 世纪 80 年代，桑给巴尔苏丹国的领地被德国和英国占去。而后，由于奴隶制的终止，桑给巴尔开始衰落。桑给巴尔的发展虽然是地区性偶然，但其创造的神话却见证了一个世纪以来区域和国际贸易路线的持续稳固。以象牙贸易为例，这些象牙先被出口至印度进行加工，之后再出口到欧洲和北美。

东南亚岛屿枢纽

在伊斯兰化之前，阿拉伯人已经十分了解印度洋通道。因此，他们成了罗马帝国与中国之间贸易的必要中间商。但一直到 7—8 世纪，阿拉伯人才开始大量向东行进，建立商业影响力。将其称为“影响”，而非“帝国”的原因是阿拉伯人从来没有统一的方向。相反，他们之间相互竞争。

总之，这些阿拉伯商人沿着伊斯兰化路线，成功地避开了他们的竞争者——印度的古吉拉特商人，尤其是孟加拉商人。前者经常出没于阿拉伯海，他们控制了纺织品贸易；而后者的贸易范围一直延伸到苏门答腊和马来半岛。与此同时，阿拉伯商人还融入东南亚岛屿，凸显了东南亚岛屿在通往中国和香料产地上的重要地位。

印度尼西亚可能在以前就承担着枢纽作用，因为 7 世纪的中国古籍提到了苏门答腊的两个港口：摩罗游国（占碑）和三佛齐王国（巨港）。三佛齐王国是一个真正的海洋国家。它由土邦邦主统治管理，依靠积极活跃的马来航海家支撑。马来航海者开辟了一条经由马六甲的印度—中国海洋航线，从而取代了旧的经由克拉地峡的陆路。爪哇、中国、印度、阿拉伯——波斯的船只频频出入三佛齐王国。为了控制

無故興兵。致傷人命。切記不可。但胡戎
與西北邊境互相密邇。累世戰爭。必選
將練兵時謹備之。
今將不征諸夷國名開列于後。
東北
朝鮮國 即高麗。其李仁人。及子李成桂今名旦者。自洪武六年至洪武二十八年
首尾凡弒王氏四王。姑待之。
正東偏北
日本國 雖朝實詐。暗通奸臣胡惟庸。謀為不軌。故絕之。
正南偏東
大琉球國 朝貢不時。王子及陪臣之子。皆入太學讀書。禮待甚厚。
小琉球國 不通往來。不曾朝貢。
祖訓 六
西南
安南國 三年一貢
真臘國 朝貢如常。其國濱海。
暹羅國 朝貢如常。其國濱海。
占城國 自占城以下諸國來朝貢時。內帶行商。多行譎詐。故沮之。自洪武八年沮
至洪武十二年。方乃得止。其國濱海。
蘇門答剌 其國濱海。
西洋國 其國濱海。
爪哇國 其國居海中。
湓亨國 其國居海中。
白花國 其國居海中。
三弗齊國 其國居海中

明太祖所编的《皇明祖训》中的“不征之国”

周围领土，三佛齐王国先是占领摩罗游国，接着又控制了苏门答腊沿海地区。最后，三佛齐王国一直扩大到马来半岛和爪哇岛西部。1025年，朱罗王朝（我们还将讲到）发动袭击，击败了三佛齐王国。然而，这只是三佛齐王国衰落的开端。最终，来自爪哇岛东部的满者伯夷王国的爪哇人结束了三佛齐王国。

幸存者在马六甲定居了下来，并改信伊斯兰教。那时，马六甲仅仅是个小渔村，这些幸存者将其打造成了印度和爪哇贸易间无法绕过的“商场”，它是通往盛产丁香和肉豆蔻的摩鹿加群岛的中继站。由于三佛齐王国在马六甲重新建立，马六甲的权利范围扩大到马来半岛大部分地区、廖内群岛和苏门答腊中东部沿岸。直到1511年，葡萄牙占领了马六甲。

其他大型港口一起构成苏丹国的中心。这些苏丹国的影响辐射群岛上大部分地区。亚齐控制了胡椒贸易，成为穆斯林与印度贸易的枢纽。1522年，文莱建立。16世纪初，特尔纳特和蒂多雷建立。万丹苏丹国是爪哇岛上的大型胡椒港口，它从16世纪50年代开始飞速发展。后来，荷兰把丁香种植集中到蒂多雷岛南部的安汶岛，以此打败了万丹。

欧洲人定居之后，需要一段时间才能产生影响，但是他们的到来已无法避免。当时没有一个大帝国敢阻挠葡萄牙在当地的野心。马穆鲁克企图反抗，虽然埃及舰队在1508年的（印度）焦尔战役中取得胜利，但很快就在1509年的第乌海战中遭遇溃败。面对西方的野心，埃及只有放弃印度洋。波斯萨法维帝国、莫卧儿帝国和奥斯曼帝国都忙于守护自己的辽阔领土，不能参与海洋探险。只有地中海东部的伊斯坦布尔是个例外，但它主要是出于土地原因。

16 世纪，奥斯曼帝国地图：黑海

地中海前线

一开始，穆斯林在地中海的攻击行动更多是为了劫掠，并非是想建立海洋统治。此外，阿拉伯小舰队十分出名，阿拉伯人甚至还被称为“巴巴里海盗”，因为他们对普罗旺斯和意大利沿岸的袭击是抢劫活动，而非征服行动。此外，基督教军队东侵与海洋关联甚少，因为将十字军战士运往圣地的欧洲舰队从未需要参加海战，至多这些舰队应该警惕海盗，因为海盗只攻击单独的船只。

奥斯曼帝国改变了一切。在前期陆地征伐之后，苏丹[①]们意识到有必要拥有一支舰队，以开疆扩土。拜占庭帝国此刻只剩下首都，但它依然为了首都努力抵抗苏丹，就像黑海和地中海上的意大利城邦的商行抵抗一样。

穆罕默德二世想要最终夺取拜占庭，为此他集结了 200 艘军舰。他还给舰队分配了相当数量的基督教叛徒，这是获得航海技能的唯一途径。无论如何，航海封锁没有任何效果，因为热那亚舰队的侧翼都配备了大炮。虽然穆罕默德二世顽强战斗，但他却找不到突破口。在无法突破金角湾锁链之时，他让人通过陆地，经由佩拉山运走一部分舰船，抵达敌人后方。为此，将近 70 艘舰船由牛和人拉了差不多 1500 米。1453 年 5 月 29 日，拜占庭陷落。

总之，征服拜占庭帝国领地和意大利领地是一项需要长期努力的工作。1458 年，科林斯和帕特雷陷落；1461 年，摩里亚被完全攻陷，同年锡诺普和特拉布松也陷落了；1473 年，埃维亚和斯库台落入奥斯

① 苏丹：苏丹是某些伊斯兰国家最高统治者的称号。

苏丹·穆罕默德二世进入君士坦丁堡。福斯托·佐纳罗绘

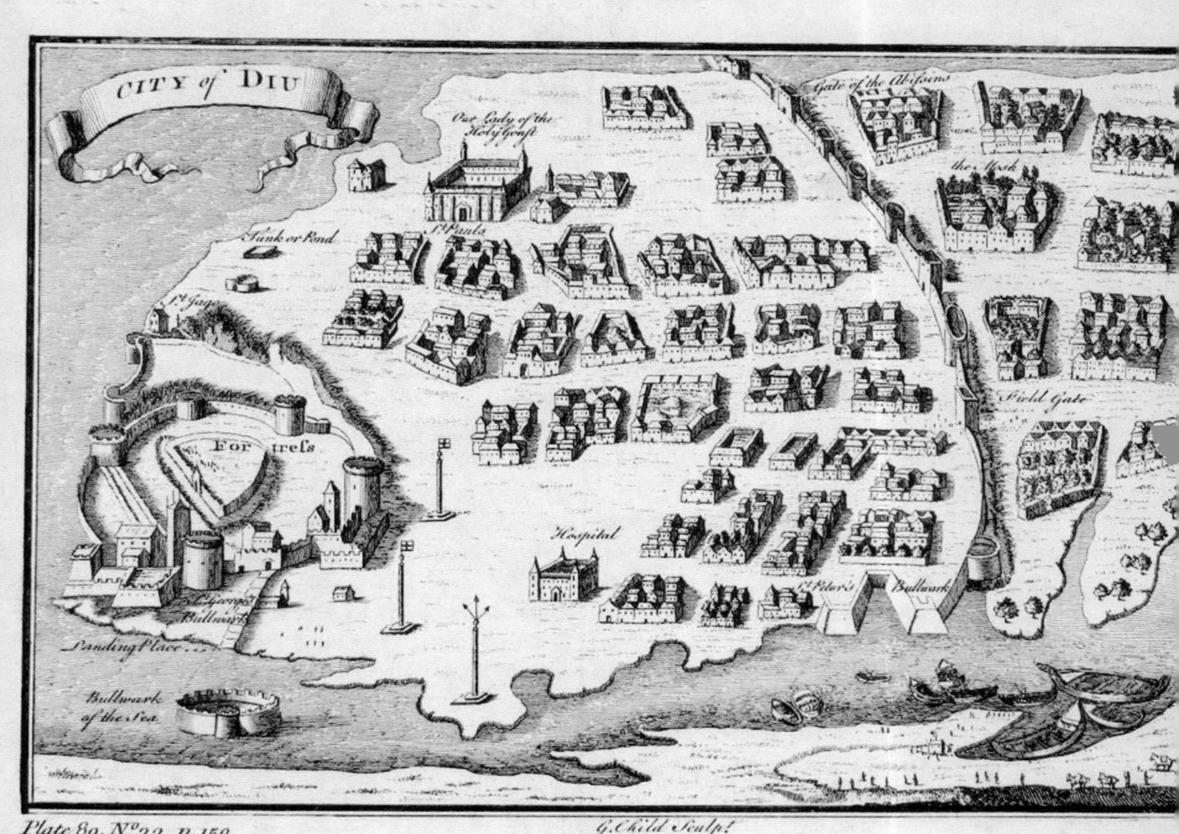

第乌镇和葡萄牙堡垒。1729 年英国雕刻

曼手中；1522 年，罗得岛陷落。最终，耶路撒冷圣约翰骑士团在多德卡尼斯群岛（希腊十二群岛）的全部领地陷落。这样一来，伊斯坦布尔和埃及之间的往来变得更加安全了。

奥斯曼帝国披着拜占庭帝国的外衣，试图把地中海变成奥斯曼帝国的内湖。1540 年，苏莱曼大帝继位，他决定做出改变。他将奥斯曼帝国的舰队交由最出色的海盗船长巴巴罗萨·海雷丁指挥。巴巴罗萨·海雷丁是阿尔及尔的统治者，他于 1534 年被授予海军总司令称号。苏莱曼大帝的举措很快取得成果：1538 年，在教皇保罗三世的支持下组建的基督教联合舰队在达尔马提沿岸的普雷韦扎遭遇溃败，而威尼斯也几乎丧失了它在爱琴海的全部据点。1565 年，情况发生转变，围攻马耳他遭遇了失败，不过奥斯曼舰队占领了热那亚在爱琴海的最后的强大据点——希俄斯岛。最后，在 1571 年，威尼斯在东地中海的最后堡垒——塞浦路斯岛陷落。同年 10 月 8 日，奥斯曼帝国在勒班陀海战中惨败，这次失败敲响了它在西地中海沿岸野心的丧钟。就像在 1539 年，为了将葡萄牙人赶出第乌，奥斯曼帝国派出一支舰队，但却在第乌海战中遭遇失败，这次失败意味着奥斯曼帝国放弃了印度洋。

老实说，伊斯坦布尔是拜占庭的最佳继承者。伊斯坦布尔无法选择征战轴心，它想保住一切，最后却失去所有。苏丹们要在前线同时应对欧洲人、波斯人，然后是俄罗斯人，因此放弃了所有海洋野心，然而奥斯曼一世的后裔本来可以在远东创造出另一种历史。

印度：永远的大陆国家

L'INDE,
IRRÉDUCTIBLEMENT CONTINENTALE

印度本身就像是一个大陆。在某种程度上，正是因为其幅员辽阔，所以印度没有产生海洋野心。但唯有一个例外，那就是朱罗帝国。不过朱罗帝国的统治时间很短，没有太大的重要性。

17 世纪画家萨希丁描绘的印度史诗《罗摩衍那》中的景象

古老传统

一直以来，印度人都在海上穿梭活动。根据美索不达米亚的碑文记载，从公元前3000年阿卡德帝国的萨尔贡大帝统治开始，印度河流域就出现了商人。印度河流域盛产铜、木材、象牙、珍珠和黄金。不过，长久以来，印度次大陆的贸易主要是天青石交易。这些天青石采自阿富汗北方。它们先被运送到古吉拉特的洛塔，这里有世界上最古老的码头。接着，这些石头再被转运到阿曼、巴林和美索不达米亚。

从公元前4世纪开始，在孔雀王朝时期，航海活动就带有了政治色彩。月护王旃陀罗笈多成立了航海通道部。阿育王派出了外交使团，他们从海上航行到了希腊、叙利亚、埃及、昔兰尼、马其顿和伊庇鲁斯。随着罗马实力增强，孔雀王朝所派出的外交使团也不断增多，因为至少有6个使团到达了罗马帝国。古罗马历史学家斯特拉波曾提到，潘地亚派出的第一个使团在雅典受到了奥古斯都的接待。其他来自锡兰（今斯里兰卡）的使团受到了克劳德、图拉真、安敦宁·毕尤、背教者尤利安和查士丁尼的接待。

这些活动表明当时交流频繁。不过，频繁的交流让普林尼感到十分绝望，因为罗马每年花费百万银币用以购买印度的商品。毕竟除了红酒和陶瓷，西方拿不出任何东西与印度交易。反观印度，它就是一个商品宝库：香料、香水、宝石、细布、稀有动物（猴子、鹦鹉和孔雀），

鹿野苑阿育王柱

以及耍杂技的动物（老虎、狮子、大象、水牛）。

公元前 187 年，孔雀王朝灭亡，贸易开始向东转移，尤其向中国，这让朱罗王朝获益良多。

朱罗王朝的黄金时期

朱罗是泰米尔人建立的王朝。从 6 世纪上半叶开始，朱罗王朝开始与东南亚岛屿和印度支那频繁地进行海上贸易。贸易活动让朱罗成为次大陆最繁荣的王国，为它的未来实力奠定了基础。9—10 世纪，朱罗王国在阿迭多一世和巴兰答伽一世统治下迅猛发展。11 世纪中期，在罗阇罗阇一世和拉金德拉一世统治之下，朱罗王国达到鼎盛。罗阇罗阇一世征服了锡兰北部和马尔代夫群岛。而后，他的继任者拉金德拉一世吞并了锡兰，将权力扩大到了恒河三角洲。1025 年，拉金德拉一世大举征讨三佛齐王国。趁此机会，拉金德拉一世占领了东南亚大面积的沿海地区，从而保障了朱罗两大港口城市的贸易安全。这两大港口城市分别是纳格伯蒂纳姆和甘吉布勒姆。那里的船舶在北印度洋上来回穿梭，将香料、棉花和宝石出口到中国。接着，这些船舶再在中国装满丝绸和铁，运往阿拉伯。

总之，朱罗帝国在历史上存在的时间十分短暂。1070 年，朱罗被赶出锡兰。从这时期开始，朱罗帝国开始没落，印度次大陆的海上活动也逐渐减少。究其原因，阿拉伯的竞争是一方面，但更多是因为具有法律效力的宗教规定。印度教有一条不可逾越的规定，即 Samudrâyana，其意思是“禁止航海”，穿越“黑水[①]”会增加感染不洁的风险，导致失去种姓，被逐出族群。印度退出后，海洋落到了阿拉

① 即大海。

莫卧儿帝国的建立者巴布尔和他的战士们前往印度次大陆的印度教寺庙

伯商人手里。再后来，欧洲人抢占了所有的贸易路线。

穆斯林人接班

虽然这些信奉印度教的人拒绝出海，但这并不意味着他们要退出贸易。15 世纪下半叶，驻在坎贝港口的古吉拉特穆斯林商人控制着印度洋的海上贸易。而这一切都离不开印度教徒和耆那教徒提供的金融资助，以及组织严密的商户网络。

毗奢耶那伽罗王朝是印度历史上最后一个印度教王国。当时，马拉巴尔海岸是毗奢耶那伽罗王朝与外界交流的通道，盛产胡椒。这里聚集了亚丁湾和阿曼湾的阿拉伯商人，还有来自苏门答腊和马六甲的中国商人（或者中国商人的中间商），贸易十分繁忙。那会儿，穆斯林商人主要从事香料贸易，他们让南印度的港口变成了货物集散地和商品交易地。在这些地方，随处可见印度洋的海上商人。

1498 年，瓦斯科·达·伽马抵达印度南部的贸易中心卡利卡特，他的到来打破了原来的良好秩序。作为印度第一穆斯林邦的残余小国，古吉拉特苏丹国和德干苏丹国一起，联合德里苏丹国向马穆鲁克舰队求助，以抵御恼人的葡萄牙人。然而，马穆鲁克舰队在 1509 年的第乌战役中被葡萄牙舰队摧毁，由此拉开了葡萄牙的征战帷幕：1510 年，征服果阿；1511 年，征服马六甲；1515 年，征服霍尔木兹海峡；1535 年，征服第乌；1539 年，征服达曼。

1525 年，巴布尔南下进攻印度，次年攻占德里，征服北印度大部分地区，建立了莫卧儿帝国。但是莫卧儿不鼓励发展强大舰队。莫卧儿帝国的最高统治者都来自中亚，这些人关心西北地区胜过海洋，因

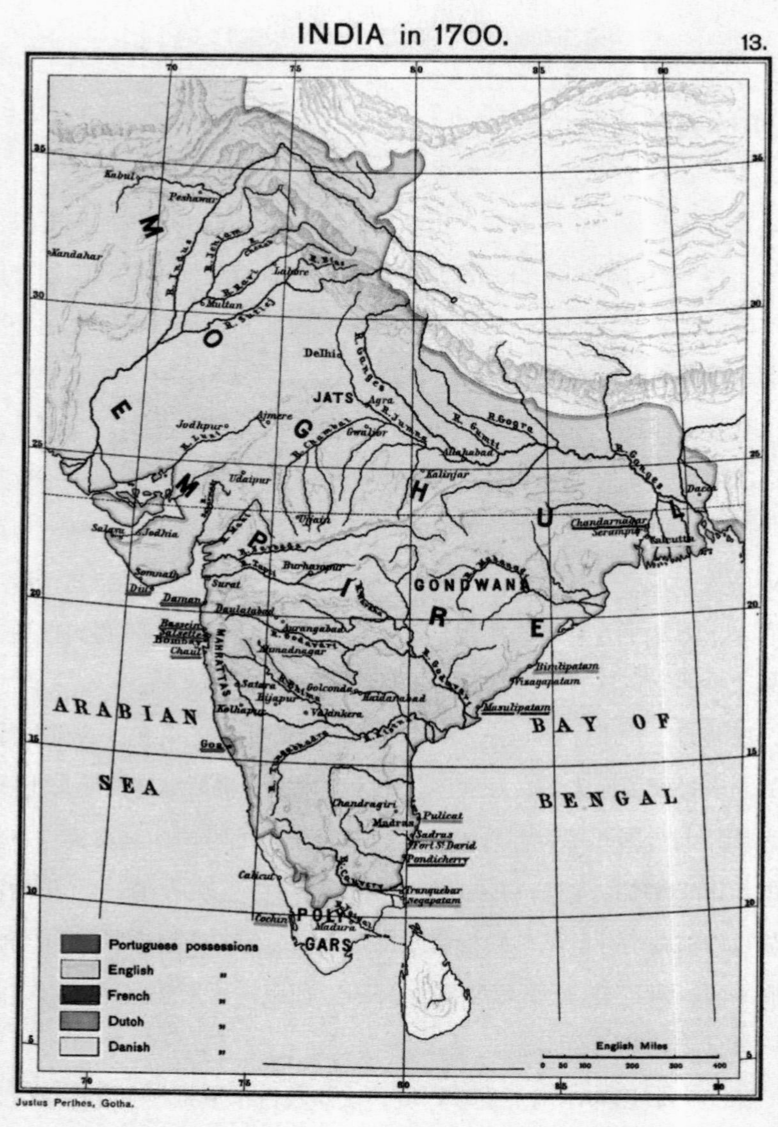

莫卧儿帝国在 1700 年的地图

瓦斯科·达·伽马在卡利卡特。1898 年，何塞·威洛戈·萨尔加多 绘

为西北地区自古以来都是入侵的关口。确实，那里曾经发生过几起动乱，但都十分散乱，而且都以失败告终。正因如此，扎莫林拉者[①]成功地抵御了葡萄牙人的入侵。不过，扎莫林拉者的海军上将最终反抗了他。

为了抵抗莫卧儿帝国的统治，印度教徒起身反抗，建立了马拉塔帝国。自 1674 年成立之初，马拉塔帝国便组建了舰队，并配有大炮。然而为时已晚，印度始终都只是一个大陆国家。中国则刚好与之相反，它和海洋的关系比我们想象的更为紧密。

① 拉者：南亚、东南亚以及印度等地对于国王或者土邦君主、酋长的称呼。

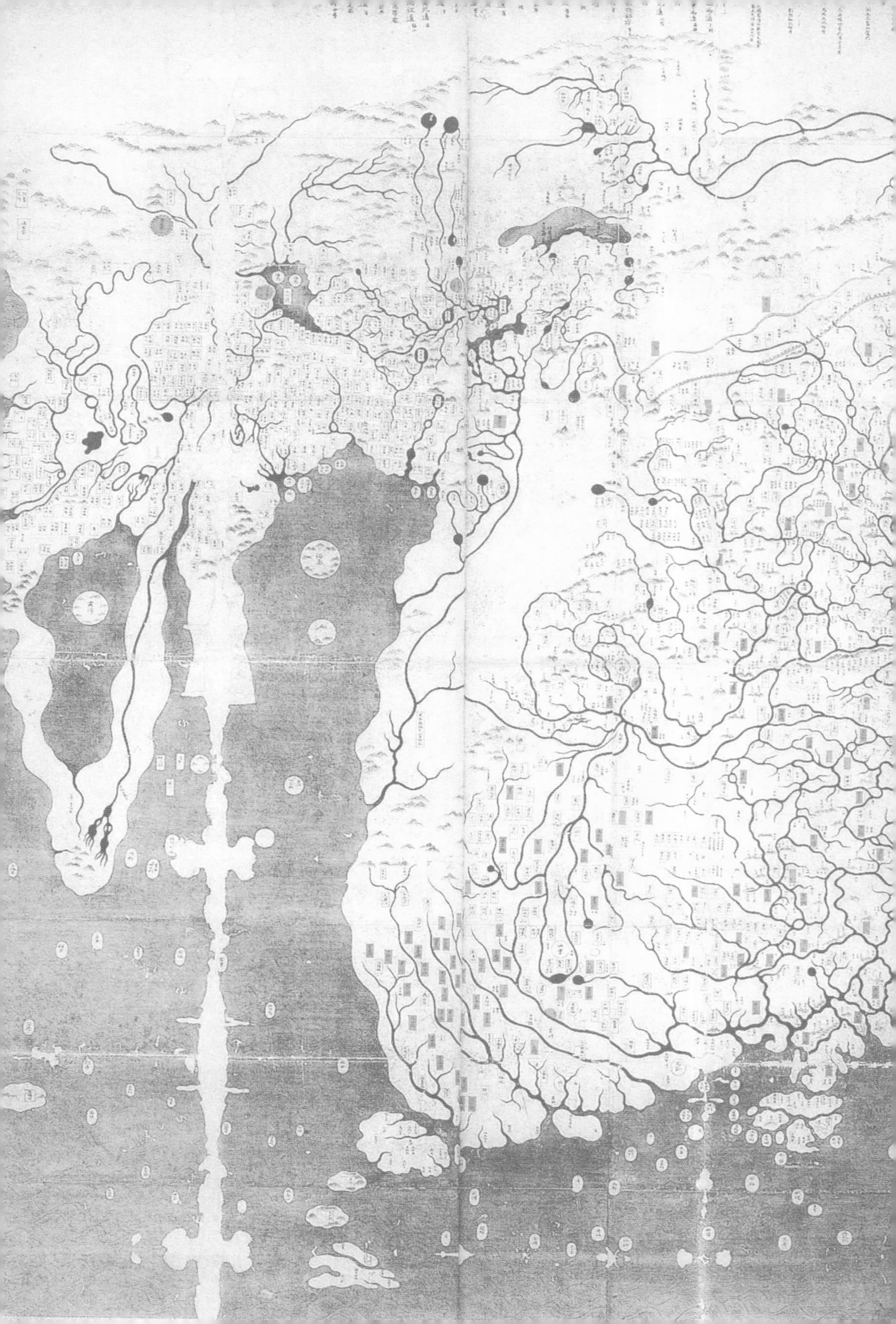

中国：错失良机

LA CHINE À CONTRETEMPS

今天，我们很难想象在汉朝时期，整个东南亚海上贸易十分繁忙。到了唐朝，贸易范围扩大到了波斯湾和红海。宋朝时期，海上贸易不断加强，中国成了一个真正的集军事和商业实力为一体的海洋强国。元朝期间，统治者们将前朝所获得的有关航海技术和经验不断完善，因为他们深知，要想实现全球霸权的梦想，海洋同样也是必经之路。然而到了明朝，国家却开始逐渐封闭起来。诚然，明朝时期，国内经济蓬勃发展，各方面都实现了自给自足。但这并不是明朝统治者限制国内与外界交流的唯一原因。在这个问题上，儒家思想起了重要的作用。郑和下西洋在当时只是一个次要现象，它象征着中国在海上的最后余晖，中国从此错过了地理大发现的机会。

汉唐的商业扩张

中国人一直认为大海不可接近，神秘莫测，是诸神居住的领地。时至今日，中国的海岸周围依旧布满了祭祀神灵的小岛，比如在梅州和崇拜妈祖的福建。但是由于内河航运繁忙，需要找到出口市场，所以很快人们便自然地走向了沿海。从那时起，大量的贸易在沿海一带进行。中国除了把佛教传入日本，还向日本出口奢侈品，如香水、乳香、药膏等物品，以换取自己所需要的金、铜、银、铁等金属。

利用汉代修建的大船，中国商人向东南亚方向出发，到了更远的地方。从番禺（现今广州，公元前 111 年被纳入中央王朝统治）出发，中国商人走出国门，参与国际贸易活动。他们一路穿越马六甲海峡以及巽他海峡，直抵科罗曼德和锡兰。当地的印度人和阿拉伯人则负责把商品运到更远的红海、波斯湾和尼罗河。中国一边出口生漆、绸缎和瓷器，一边进口香料、珍贵木材、宝石以及阿拉伯特产——玻璃制品。

当时中国商人在海上活动十分频繁，他们不断地前往印度洋沿岸国家进行商业贸易，与此同时，地中海海域附近也形成了大规模的海上贸易市场，这就促使了中国与另一帝国——罗马帝国的相遇。从那时起，中国和罗马这两大经济巨头之间就有了商业往来，并且贸易交往频繁。

随着贸易活动的发展，大量华人开始侨居国外。同样地，也有许

妈祖拯救渔民

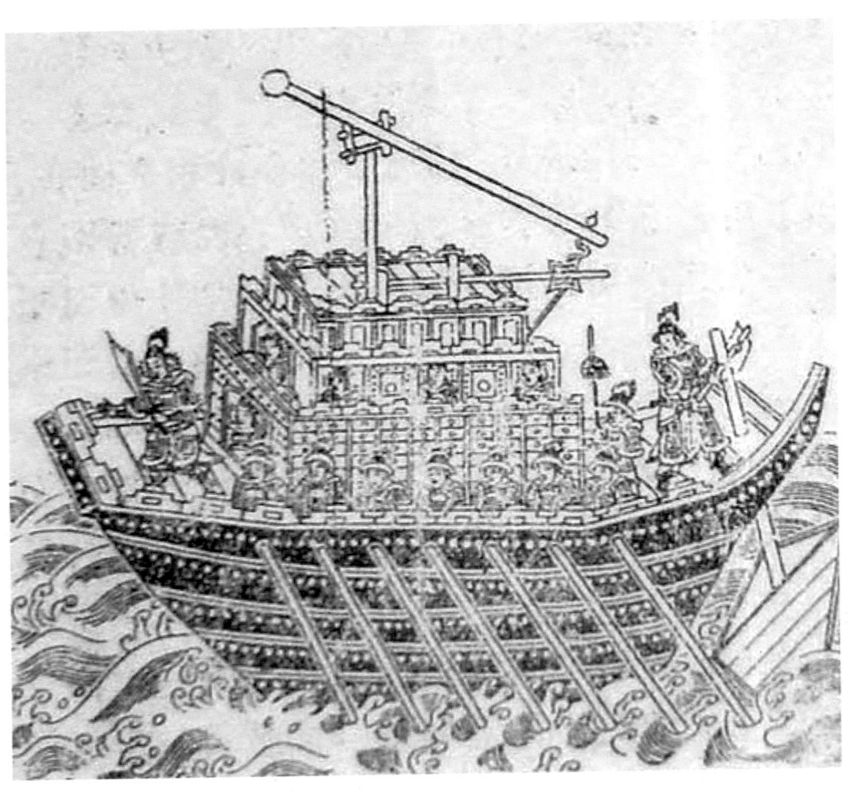

一艘宋朝的战船（《武经总要》）

多外国人来到中国安居。13—14 世纪，扬州和广州就居住有多个穆斯林群体，这些人以四海为家。

但是，我们不会那么快就下结语。我们再来看看中国历史上最具代表性的航海时代——宋代。

南宋的大洋探险

宋朝从 960 年开始统治中国，到 1279 年统治结束。从 960 年至 1127 年，宋朝统治着整个中国。而后，由于北方地区被金人占领，宋朝的国都被迫南迁，统治范围也被限制在长江以南地区，这一时期历史上称之为南宋。南宋境内土地肥沃，拥有全国 60% 的人口。除此之外，宋朝还出现了类似于印刷术的发明。这种技术的产生促进了知识的传播，导致众多领域不断出现创新。毫无疑问，创新技术的蓬勃发展与这一时期的另一特征也有着直接的关系：海洋贸易的开放。中国的海军自公元纪年开始就已经存在，到了南宋时期已具备了相当规模。1132 年，第一支常备海军在定海建立。而此时，更多的先进武器也被生产出来（希腊火硝和大炮火药促进了火焰喷射器、炸药、火药武器和地雷的诞生），航海技术也取得了更多进步。

1161 年，宋金双方在扬子江水面交战。尽管敌众我寡，宋军依然取得了唐岛之战和采石之战的胜利。宋军胜利的关键在于优先发展了自己的航海技术：第一批叶轮轮船问世，船上装着投石器，可以发射火药炸弹。叶轮轮船发明一百年之后，宋朝的舰队已经有 5.2 万名水军。该舰队保证了中国在远洋地区迅速地发展壮大。之后大批的发明也跟着出现了，有船闸、水密船舱、指南针等，与此同时，绘图技术的运

用也越来越广泛。为了改善港口，人们建造了灯塔和货栈等诸如此类的巨型工程。长方形的大型帆船诞生了，它采用轴向船舵，具有六根桅杆，上挂大块帆布，其携载能力巨大无比。这种帆船导致贸易发展突飞猛进。

铁、剑、丝绸、丝绒、瓷器，这些物品被出口到亚丁，甚至到美索不达米亚。同时，珍珠、象牙、犀牛角、乳香、珊瑚、龟壳等，这些商品被进口到中国。除此之外，还有爪哇岛的药草、银和铜。这些大型远海帆船在整个印度洋上来回穿梭，甚至在蒙古人入侵之时，航

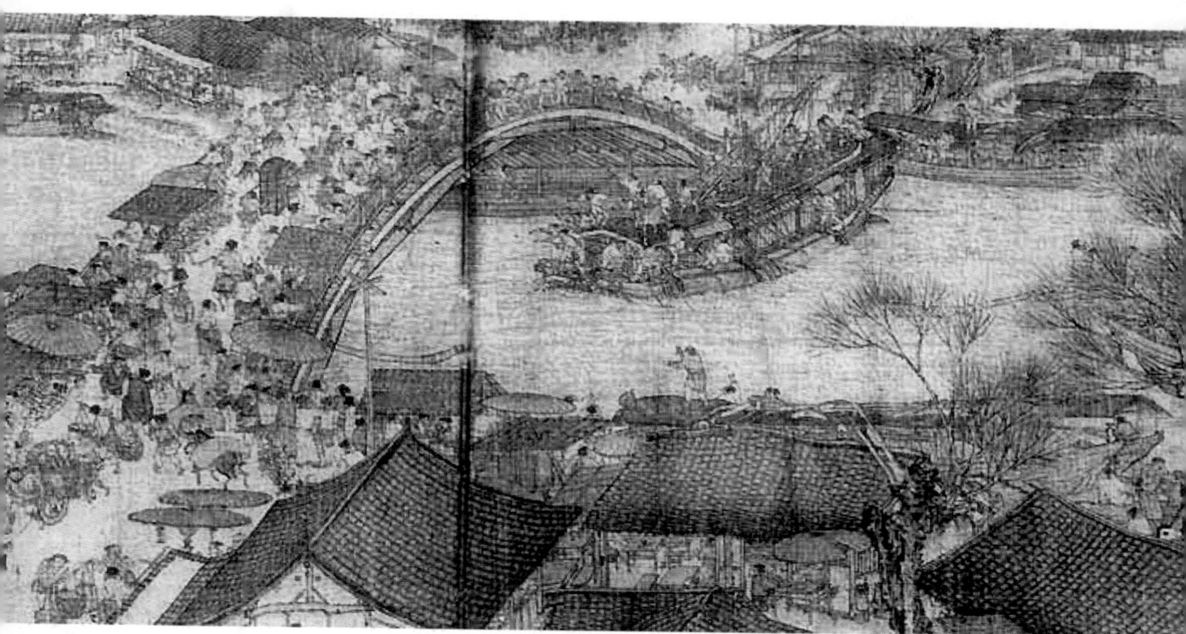

清明上河图

海也从未中断。

征服亚洲的元朝

元朝(1271—1368年)[①] 是蒙古族建立的王朝。作为草原的征服者，这些游牧民族很快发现了大海的好处。元朝时期，海岸绘图技术发展

① 1271年(至元八年)，忽必烈改国号为元。1279年南宋覆灭。——编者注

迅速，技艺精湛。蒙古人对一切感到好奇。在占领整个南宋之前，他们已经拥有了一支舰队。凭借这支海军力量，忽必烈(1260—1294年)[①]有能力满足自己的野心。他先从日本下手。1274年，忽必烈集结了一支军队，从九州登陆，与日本人进行较量。之后，受“神风”影响，忽必烈舰队被迫撤离。1279年[②]，忽必烈第二次入侵。因为同样的原因，蒙元军队在博多港再次失败。蒙元军队第二次失败后，这一偶然的“大风”被日本人认为是神意。

然而，忽必烈的海洋野心并未因此停止。1285年，忽必烈通过海陆联合入侵，成功地占领了印度支那。1293年，为了控制东方入口——爪哇岛，又再次发动了新的征讨。然而次年，忽必烈便因病逝世，他的死预示着元朝开始走向没落，并逐渐向明朝过渡。

① 此时段为忽必烈在位期间。忽必烈出生于1215年。——编者注

② 此处时间有误，应为1281年，见本书第161页。——编者注

武士福田太华登上元朝船只（1846 年，自一部 1293 年作品中复制）

自我封闭的明朝

明朝的开国皇帝是洪武大帝。他在“偏执妄想”的驱动下，创立了一支秘密警察队伍——锦衣卫。锦衣卫曾经发动过多起肃清活动，波及 20 万人。洪武大帝想要实施封闭政策，然而封闭政策导致明朝后来错过了地理大发现。但不管如何，洪武大帝懂得将宋元两朝的海洋经验化为己有。通过把船装满炸药，并放火将其推向敌船，洪武大帝在鄱阳湖上取得了决定性的胜利。

他的继承人——永乐大帝表现出了海洋野心。1405—1433 年间，永乐大帝 7 次派出他的宦官郑和远下西洋。这些远洋活动既是为了外交，同时又展示了中国的威望。为了此次远航，一共建造了 200 艘船舶，船上配备了当时最先进的技术。为了防止船体进水以及火灾事故，还对船舶底舱进行了隔离处理。同时，还配备了指南针、罗经和地图，它们的精度不亚于手绘海岸地图。旗舰共有 9 根桅杆，长 130 米，宽 55 米，位于舰队之首。整个舰队共有上百艘船只，1 万多人。

地北極界
歐
亞
細
亞
大明
一統
大明海
晝長線
赤道晝夜平線
小西洋
西南海
南海
黑人國
加
泥
地南極界

传入日本并经抄绘、上色的“坤舆万国全图”

明朝沈度作《瑞应麒麟图》（描绘 1414 年郑和下西洋时榜葛剌国进贡的麒麟）

编年史作者马欢记载了这些活动。船队到达了越南、马来半岛、苏门答腊、马六甲海峡、暹罗、锡兰、印度海岸、霍尔木兹海峡、亚丁、吉达和东非海岸。

永乐大帝和他的宠臣郑和去世之后，明朝的海洋野心和对外开放就此结束。由于受到游牧部落入侵的威胁，明朝将力量集中到北方边境。明朝就像是一个内部市场，很快它就实现了自给自足，所以与外界的接触就显得没那么重要。但主要原因还是因为明代理学的发展。1436 年左右，朝廷决定销毁舰艇，禁止建造两条桅杆以上的远洋船舶。明朝的自我封闭直接导致其错过了欧洲国家的地理大发现时期。中国那时本来也有进行地理大发现的技术和财力。除此之外，明朝的封闭也导致了其他的后果：日本海盗的扩张。

日本：袭击与神风

LE JAPON,
ENTRE RAIDS ET KAMIKAZES

作为岛国，日本四面环海。但它有一个特殊之处——缺乏中央强权。在封建无政府时期，每一个地方领主都会变成氏族领袖，对朝鲜和中国实施破坏性袭击。在很长一段时间内，由于缺乏发展海军工程的能力，日本只好在其能力范围内使用一些它能够使用的普通船只。在丰臣秀吉和德川幕府时期，日本完成了国家统一。与此同时，大量的欧洲人来到了日本。

欧日贸易开始发展，并取得了丰硕成果。透过这些贸易，可以看到日本对西方文化和技术的强烈好奇心。整个国家随之进入了一片更广的新天地。而后，基督教势力不断增强，日本最终被迫采取锁国政策。

唐本御影中的圣德太子（中）。公元 8 世纪雕版印刷画

优秀的海员，拙劣的船

作为岛国，日本转向大陆寻求资源。它先盯上了朝鲜，而后又看中了中国。日本从中国引入佛教和各项技术，尤其是水稻种植术，甚至还“民族化”了中国的文明。

从大和时期开始，日本与中国的商业贸易和往来交流十分频繁。正史记载，663 年左右，日本第一次对朝鲜发动入侵。被唐朝击败后，日本不得不放弃对朝鲜的控制。然而直至二战结束之前，朝鲜一直都是日本的攻击目标。

当时，日本的舰船仅仅是一个简单的船舶平台，只能与他人远距离或弧形对峙，不能正面交战。虽然该船不是真正意义上的远海舰艇，但它也服役了好几个世纪。1185 年，日本不同氏族之间再次发生冲突，由此爆发了坛之浦之战。在这场战斗中，用的就是这一种舰船。

16 世纪末，船舶技术第一次迎来重要革新，舰船转型为装甲舰。这些装甲舰配备了大炮和射手，它们看起来就像是海上浮动的“堡垒”。

这项基本的船体技术更加衬托出日本两次战胜蒙元是一种“奇迹”。元世祖忽必烈下发国书，要求日本承认元朝的宗主国地位，甚至以入侵威胁日本，要求日本进贡。但是对于元朝的这番要求，日本没有理睬。1274 年，元朝军队登陆日本，并很快占领了九州。然而军队遇到了大风暴，被迫撤离回到大陆。1281 年，元朝第二次攻打日本。

蒙元舰队遭台风摧毁。1847 年，菊池容斋 绘

这一次，也同样因为大风——“神风”，元朝入侵日本再次失败。第二次入侵预示着日本即将迎来变化：由封建无政府转变成海盗集团。在数个世纪里，这些海盗先后在朝鲜和中国沿海一带抢劫。

倭寇：海盗集团

日本战国时代，沿海地区的小封建领主利用周围环境以及服从他们的佃户与渔民，策划实施远征侵袭。从 14—16 世纪，这些“倭寇”活跃了将近 300 年，其恶名令人闻风丧胆。

毫无疑问，朝鲜首当其冲。从 1350 年起，倭寇效仿维京人的做法，不断地攻击朝鲜。他们一直深入朝鲜境内，寻找粮仓和值钱的人质，甚至是奴隶。朝鲜首都开城被掠夺了无数次，平壤也遭遇了一次袭击。根据朝鲜记录，1376—1385 年，至少发生了 174 次袭击，其中包括多艘帆船和上千战斗人员。

元朝灭亡之后，倭寇把目光转向中国。为了报复日本，明朝禁止与日本进行商贸交易。但这一做法，却适得其反，导致事与愿违。事实上，中国的批发商为了继续贸易，与倭寇建立了联系，并告诉他们如何掠夺沿海，如何沿长江溯游而上。而后，倭寇放弃袭击陆地，转而攻击商船。丝绸、钱币和艺术品成了倭寇的首选目标。这些海盗的活动范围沿着国际贸易路线一直延伸到东南亚。

最后，解决海盗问题还是需要从地面着手。1580 年，丰臣秀吉下令把农民的武器没收充公，同时禁止“大名”（即封建领主）参与海盗活动。面对到来的欧洲人，日本需要改变自身，找准定位。

相模五郎
一勇斎國芳画

新中納言知盛
一勇斎國芳画

1185 年坛之浦之战。歌川国芳 绘

丰臣秀吉画像。狩野光信 绘

欧洲人到来

丰臣秀吉重新建立国家秩序，这是日本历史的一个转折点。除了打击海盗，丰臣秀吉统一了日本。他还采取传统的日本扩张政策，对朝鲜实施了两次攻击。1592 年，日本第一次入侵朝鲜。和以往一样，中国前来援助朝鲜，轻而易举地将日本击退。1598 年，日本第二次进攻朝鲜。相比而言，这次中国赢得没有那么轻松。而中国之所以胜利，其原因在于它掌握了制海权，将敌方补给路线切断，从而迫使日本撤退。

丰臣秀吉去世后，德川幕府开始统治日本，一直持续到 1868 年。德川幕府实施领土扩张。1609 年，日本占领琉球群岛南部岛屿。更有趣的是，日本开始加入与葡萄牙人的贸易行列。由于中国人坚决拒绝与日本人直接贸易，葡萄牙人自荐作为中间商。对此，日本人欣然接受。此后，中国的瓷器和丝绸通过澳门进行贸易，换取日本钱币。

日本接受了这些欧洲人带来的影响。利用欧洲给予的技术帮助，日本开始建造远洋武装商船。它甚至还加入与旧大陆列强的博弈之中。1606 年，日本人参与保卫马六甲，帮助葡萄牙对抗荷兰。1637 年，日本又十分精明地请求荷兰侨民支持其入侵菲律宾的计划。

岛原发生基督教徒叛乱之后，日本终止了远征。一年之后，长崎附近 3.7 万人被屠杀，岛原之乱这才结束。这一事件导致日本采取锁国政策，以此抵御外国影响。日本烧毁了远洋舰船，禁止国人出境。驻扎在出岛和长崎港的荷兰人成了日本人与欧洲人联系的唯一桥梁。

日本长崎的葡萄牙卡瑞克帆船

岛原之乱末期——围攻哈拉城堡图

殖民时代：
从地理大发现到1945年

L'ÂGE DES COLONIES :

DES GRANDES DÉCOUVERTES À 1945

1290 年左右，比萨地图（西方最古老的罗盘地图）

引言

Introduction

地理大发现起源于人们对黄金的渴求。如果说欧洲从凯尔特时期便进入了货币经济，那么它现在面临着黄金和白银在空间上分布不均的问题。黄金和白银在物质上具有相对稳定性，且含量稀少，故被用作货币金属。尽管旧大陆的白银资源丰富，但是黄金匮乏，而东方国家情况正好相反。西方国家一时之间找到了权宜之计：商业汇票和信用证。西方国家从维京人和十字军战士的劫掠中获益，因为他们重新促进了黄金的流通。但是西方国家的扩张却受到了经济萧条的影响。欧洲人开始充分利用航海技术的进步，试图到源头——非洲和印度，寻找黄金。

进入 13 世纪，帆船和桨船经历了真正的革命。波罗的海和黑海的造船厂设计了船尾舵。船尾舵可以加强舵手的力量，使得舰船真正易于操作。此外，帆绳索具也有了进步。有了帆绳索具，便可以利用弱风，顺势而下，穿越海洋。最后一个突破来自布列塔尼，即造“船”：为了改善船的操作性，加快船速，增强运载能力，船壳的木板采用并排方式组装。葡萄牙以及卡斯蒂利亚的快帆[①]综合了所有的这些优势。

拥有远洋舰船是一回事，剩下还需要定位能力。欧洲人完善了中国的指南针：磁针被一个漂在一碗水里的麦

① 快帆：15—16 世纪小吨位的快速帆船。

“福禄特帆船”，荷兰式帆船。出自《百科全书》

秆包裹，固定在中轴之上。但从12世纪中期，指南针的运用才普及开来。不过，要是制图术没有进步，指南针也不会有任何用处。

事实上，在制图术方面，进展十分缓慢。13世纪90年代的比萨地图是我们所知的最古老的地图。如果说比萨地图以相当准确的方式描绘了地中海，那么比之更精确的地图在14世纪才出现。这一时期，我们可以在地图上看到地中海、黑海、直布罗陀海峡南北两端的大西洋沿岸、北非，以及后来发现的群岛。此外，还发现了罗盘刻度表。

很快，意大利在这一领域占据的绝对优势面临竞争。加泰罗尼亚的制图活动由犹太群体负责。阿拉贡国王佩德罗四世支持加泰罗尼亚的制图活动，他规定每个船长在开船的时候，至少拥有两张海图。在葡萄牙，航海家亨利王子建立了一家制图学院，而他的兄弟唐·佩德罗则走遍了意大利，寻找古代和现代的地图。印度公司和西印度交易所相继建立，其目的相似：汇集地理信息，组织编成制图概述。

与此同时，人们想起所有的这些信息具有战略意义，国王曼努埃尔禁止出版赤道以外所发现土地的任何精确信息。

前期获得足够的技术之后，大洋探险就可以开始了，人们绕过了非洲，发现了美洲。建立一条从西方进入印度的通道并非什么新鲜想法，语言学家克拉特斯·德·马鲁斯从公元2世纪就这么想了，但发现未知大陆的前景看起来像是一个彻底的乌托邦。然而正是因为这一想法，欧洲在多个世纪控制了全球，并带来了工业革命。工业革命使得旧大陆的国家在长时间内具有不可争议的优越性。在经历初期探索之后，轮船于1838年首次跨越了大西洋，取代了帆船。然后，在军事方面，也首次出现了装甲舰和潜水艇。

最后，西方人的掠夺还有一个解释原因：电报机。轮船上实现即时通信之后，引起了航海战略革命，实现了增援的快速运送。全球帝国时代已然来临。

Pangura

葡萄牙梦

LE RÊVE PORTUGAIS

关于葡萄牙，一直存在一个谜团。葡萄牙是一个没有任何资源的国家，而且它在地中海周边的重大贸易中占据次要位置，但它是如何成功地在印度洋和太平洋上建立两个帝国的呢？这其中肯定有运气因素存在。同时，航海家亨利王子的专断政策也起到一定作用。但是，其主要推动力也可能在于寻找黄金和宗教征服。众多的贸易动机和新教徒让葡萄牙走上了大洋探险之路，它的探险也成为欧洲最伟大的海洋探险之一。

复地运动与征服

阿维斯家族建立了葡萄牙海洋帝国。阿维斯家族分为两派，一派欲收复失地，一派则唯利是图，注重实效。阿维斯王朝的建立者约翰一世的统治即属于后者。1415年,约翰一世征服休达，同时为其次子——著名的航海家亨利王子提供物力，以便其对非洲沿岸进行商业探险。

在这项长期探险中，葡萄牙具有一定的优势。和西班牙人一样，葡萄牙人不再有需要解放的领地。葡萄牙人所处的地理位置使他们得到了伊比利亚半岛的穆斯林人的知识学问：天文资料、数学、完善的星盘以及地理知识。这些穆斯林人其实都是古代航海探索时的船工。与此同时，随着

瓷砖画：航海家亨利王子征服休达。乔治·克拉索 绘

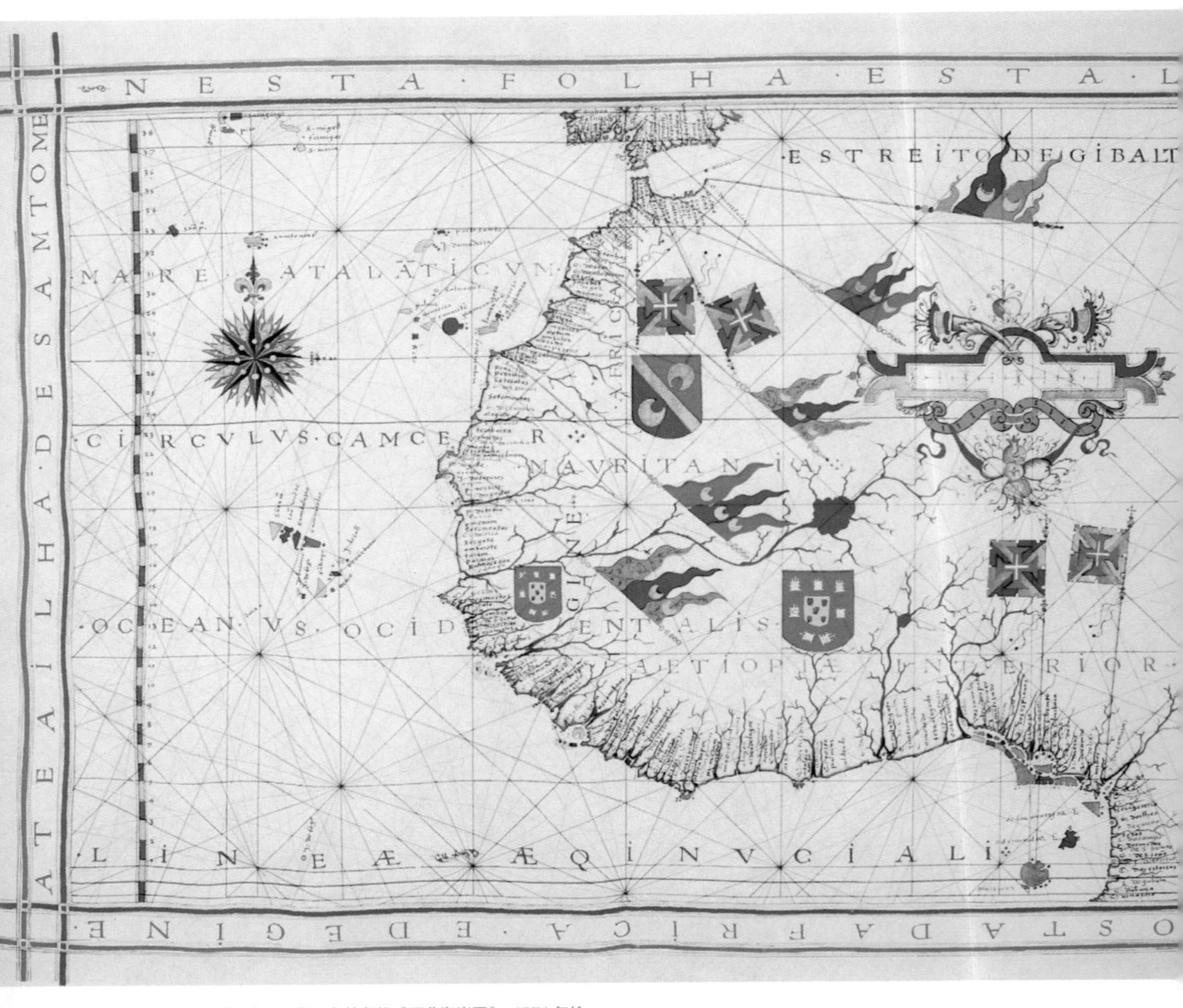

费尔南·瓦斯·多拉多的《西非海岸图》。1571 年绘

艉舵、指南针、罗盘地图和三角帆的使用，航海技术有所改善。

除了这些不可忽视的因素外，还有一个可能的决定性因素——热那亚人的作用。诚如我们所见，热那亚人在大西洋建立了新的商业统治，葡萄牙在其中扮演着中心角色：正是葡萄牙把地中海东岸地区的贸易与波罗的海和北海的商人连接起来，人们才可以拿呢绒换取香料。这一时期，波尔图和里斯本接纳了大量的热那亚移民，这些人依赖着他们熟悉的从事远洋捕捞的讲葡萄牙语的渔民。此外，阿维斯王朝前几位君主委任的海军上将大部分来自热那亚共和国，他们以此加强葡萄牙与热那亚的共生合作关系。而且，正是来自热那亚共和国的资本促成了葡萄牙绕行非洲的非凡之旅。事实上，热那亚的影响一直延伸到摩洛哥以外地区，它企图成为黄金市场中不可逾越的中间商。

最初，葡萄牙船队沿着古迦太基的商行路线航行，但是一直以来难以穿过博哈多尔角。鉴于那里的水流，人们在去时需与沿岸保持 25 至 30 海里的距离，回来的时候还要绕一个大弯——“航海转向”，以便利用亚速尔群岛周围的西风。由此带来的结果是：葡萄牙在 1420 年永久地占领了马德拉群岛，在 1430 年占领了亚速尔群岛。马德拉群岛成了蔗糖工厂，而亚速尔群岛则生产谷物，养殖牲畜。

1434 年，葡萄牙人绕过了博哈多尔角。1443 年，葡萄牙人在阿尔金岛上建立商行，吸引非洲黄金贸易。1462 年，在抵达几内亚湾之后，葡萄牙人在那里建立了阿克西姆和埃尔米纳堡。由于离生产区更近，这些商行改变了传统的前往摩洛哥的路线，并带来了新的商业贸易。羊毛呢、毯子、丝布、柏柏尔马、小麦、葡萄牙的盐，以及格林纳达的丝织品，这些东西都被拿来交换金粉、象牙和奴隶。当时，一匹马的价格可以买 15 个奴隶。除了这些商品之外，还有几内亚的胡

1519 年葡萄牙探险家发布的巴西地图

椒和贝宁的胡椒。几内亚的胡椒是二等香料，由于没有经过突尼斯和的黎波里转卖，所以价格实惠，深受欧洲人喜欢。而贝宁的胡椒则是假劣胡椒，是穷人使用的香料。

1460 年，航海家亨利王子去世。受贸易资源鼓励，约翰二世继续坚持亨利王子发起的探险。他把巴泰勒米·迪亚兹派了出去。由于这次航海重新“转向”，巴泰勒米·迪亚兹于 1487—1488 年间穿过了好望角。为了这次“转向”，巴泰勒米·迪亚兹被迫到巴西沿岸附近寻找东风。对于巴西，早在 1500 年卡布拉尔“发现”它以前，可能就已经有人来过这里。1498 年，瓦斯科·达·伽马抵达印度，奠定了帝国的开端。与此同时，葡萄牙继续进行复地运动，并占领了两座位于直布罗陀海峡的城市：1458 年占领塞吉尔堡，1471 年占领丹吉尔。

“幸运儿”曼努埃尔一世帝国

起初，葡萄牙的探险是为了黄金。但在曼努埃尔一世的统治下，葡萄牙的探险突然发生变化，它开始寻求香料。“幸运儿”曼努埃尔想要垄断香料交易，他在 1502 年委托瓦斯科·达·伽马担任第二次探险的指挥，负责消除印度洋上一切穆斯林的身影。与此同时，法兰西斯科·德·亚美达成了殖民地区首任总督，负责坚守葡萄牙阵地。

法兰西斯科·德·亚美达获准拥有两支常备舰队：其中一支负责监督坎贝至瓜达富伊角一带的航行，另外一支在坎贝至科摩林角一带航行。有了这两支舰队，葡萄牙便可控制印度洋西部的贸易，禁止任何可能的竞争者进入红海。葡萄牙的谨慎是有用的，因为马穆鲁克早已决定从伊斯兰手中夺回商业网络的控制权。1504 年，威尼斯共和国担忧在亚历山大港再也找不到香料，于是便无偿地给马穆鲁克提供工程师。依靠这些工程师，马穆鲁克集中了一支舰队。但这支舰队在1509年的第乌海战中被葡萄牙摧毁。从那以后，葡萄牙成了印度洋上唯一的霸主，于是便企图长久地控制印度洋。为此，新任殖民地总督阿方索·德·阿尔布克尔克利用葡萄牙殖民地内分散的地区，负责在殖民地内部构建一个真正的网络。当时，葡萄牙殖民地范围从锡兰（1505年，为了获取珍贵的桂皮而被占领）西南沿岸一直到马累。

首先，阿方索·德·阿尔布克尔克在科钦和坎纳诺尔建立堡垒，力图控制马拉巴尔和古吉拉特的贸易。而后在1510年,他占领了果阿，该地成了葡属印度殖民地的首都。葡萄牙利用古吉拉特苏丹的困境，逐步扩大影响。通过签署条约，葡萄牙于1521年获得了焦尔，1534年获得了勃生。1535年，葡萄牙征服了第乌；1539年，征服了达曼。在贸易上具有重要位置的坎贝湾也被葡萄牙给占领了。

剩下要做的就是控制印度洋入口。于是，葡萄牙在1511年攻占了马六甲，在1515年占领了霍尔木兹海峡。只有亚丁逃脱了葡萄牙的控制。葡萄牙还在非洲沿岸了设立了一系列停泊港：亚速尔群岛、佛得角、埃尔米纳堡、圣赫勒拿岛、阿森松岛、索法拉、莫桑比克和马林迪，它们构成了一张连接葡萄牙和印度的网络。

葡萄牙分别在果阿、马六甲和霍尔木兹海峡各配备一支舰队，实现战略控制。然后，就只剩下经济控制。1518年，葡萄牙在宝石和桂皮贸易中心——锡兰的科伦坡建立了一座堡垒。葡萄牙将此堡垒作为基地，逐步征服沿岸，并于1619年吞并科特王国和贾夫纳王国。摩鹿加群岛成了葡萄牙第二个目标，因为班达群岛盛产肉豆蔻，特尔纳特（岛）和蒂多雷（岛）盛产丁香。葡萄牙人深知事关重大，他们极

OCOVERNADOR AFFONCO D ALBOQVERQVE SVÇEDEO NA INDIA
A DOM FRANCISCO D ALME IDA EM NOVEMBRO DE
ESTRETO DE ORMVZ E MAR ROXO

阿尔布克尔克画像

力讨人喜欢，最后成功与特尔纳特和蒂多雷的苏丹建立特权关系。于是，葡萄牙人很容易就在安汶岛和帝汶岛定居下来，尽管他们曾经从苏丹马末沙手中夺走了马六甲。

但实际上，曼努埃尔一世的计划更加宏伟。如果说有一个国家让他为之魂牵梦萦，那一定是中国。广州及其内陆对曼努埃尔一世格外具有吸引力。因为这一地区富有黄金、白银、铜、火药、铅、明矾、大麻和铁。有了广州，葡萄牙便有可能通过物物交换获得珍贵的印度胡椒，从而实现欧洲市场利益的最大化。一旦拥有广州，葡萄牙的统治就会接着向福建延伸,在中国进行内部分裂。为了实现“宏伟计划”，葡萄牙攻占了珠江三角洲的屯门岛。尽管中国发明了火药和炮，但在

果阿图集。布朗和霍根伯格 绘

面对葡萄牙舰队的轻型大炮的毁灭性攻击时，中国仍被打得不能动弹。不过，中国最终夺回了屯门岛，将侵略者都给赶了出去。

这次失败并未妨碍葡萄牙一步步抢占最赚钱的贸易，例如运送朝圣者至麦加。在阿克巴大帝时期，葡萄牙获得了垄断印度的朝圣者运输贸易和马匹贸易。这些马匹来自阿拉伯，通过霍尔木兹海峡运输，再转卖到达博霍尔和焦尔两个港口。马匹在印度的需求量很大，其贸易带来的利润比香料收益还高。1557 年，在从中国归来的时候，葡萄牙人获得了澳门租界，他们成了南中国海上贸易的必要中间商。葡萄牙人从印度输出香料，先拿一部分到其长崎（1566 年特许的）商行变卖成钱，然后再去参加广州年度商品交易会。他们在广州装上丝绸

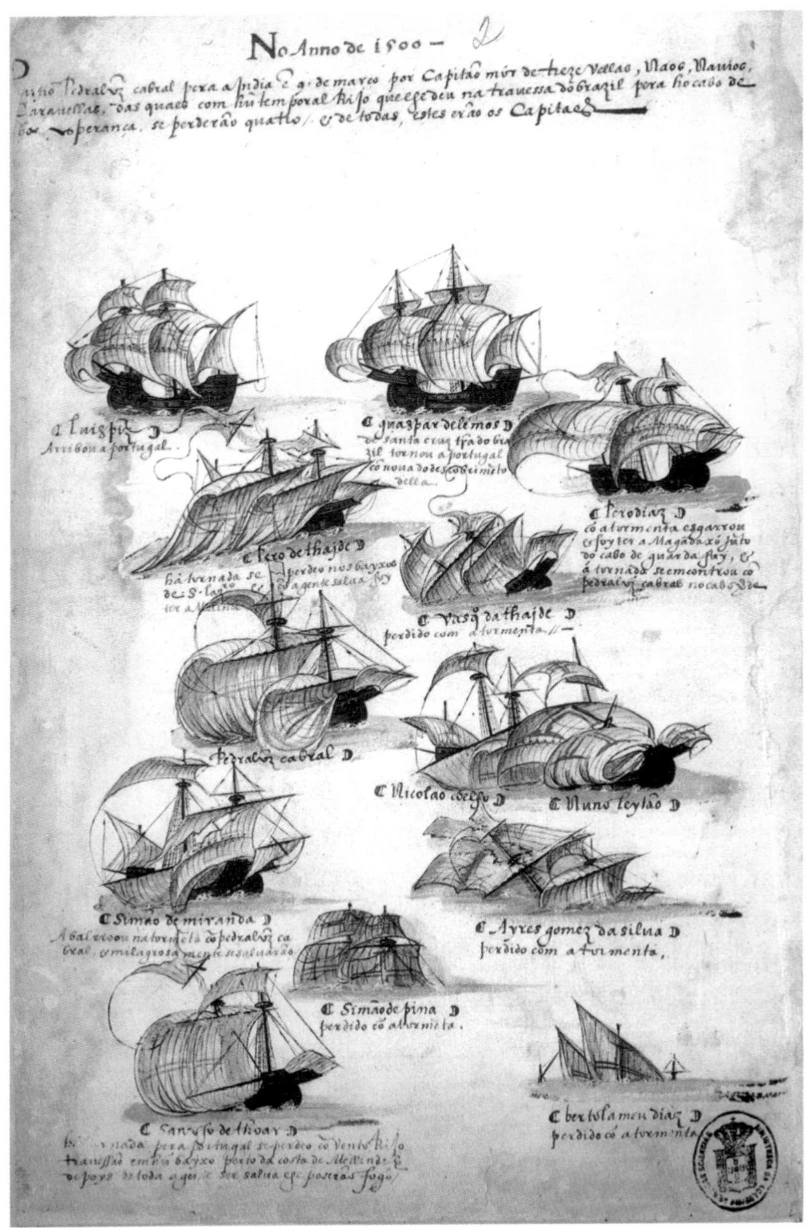

佩德罗·阿尔瓦雷斯·卡布拉尔的舰队。源自 1568 年左右的《舰队之书》

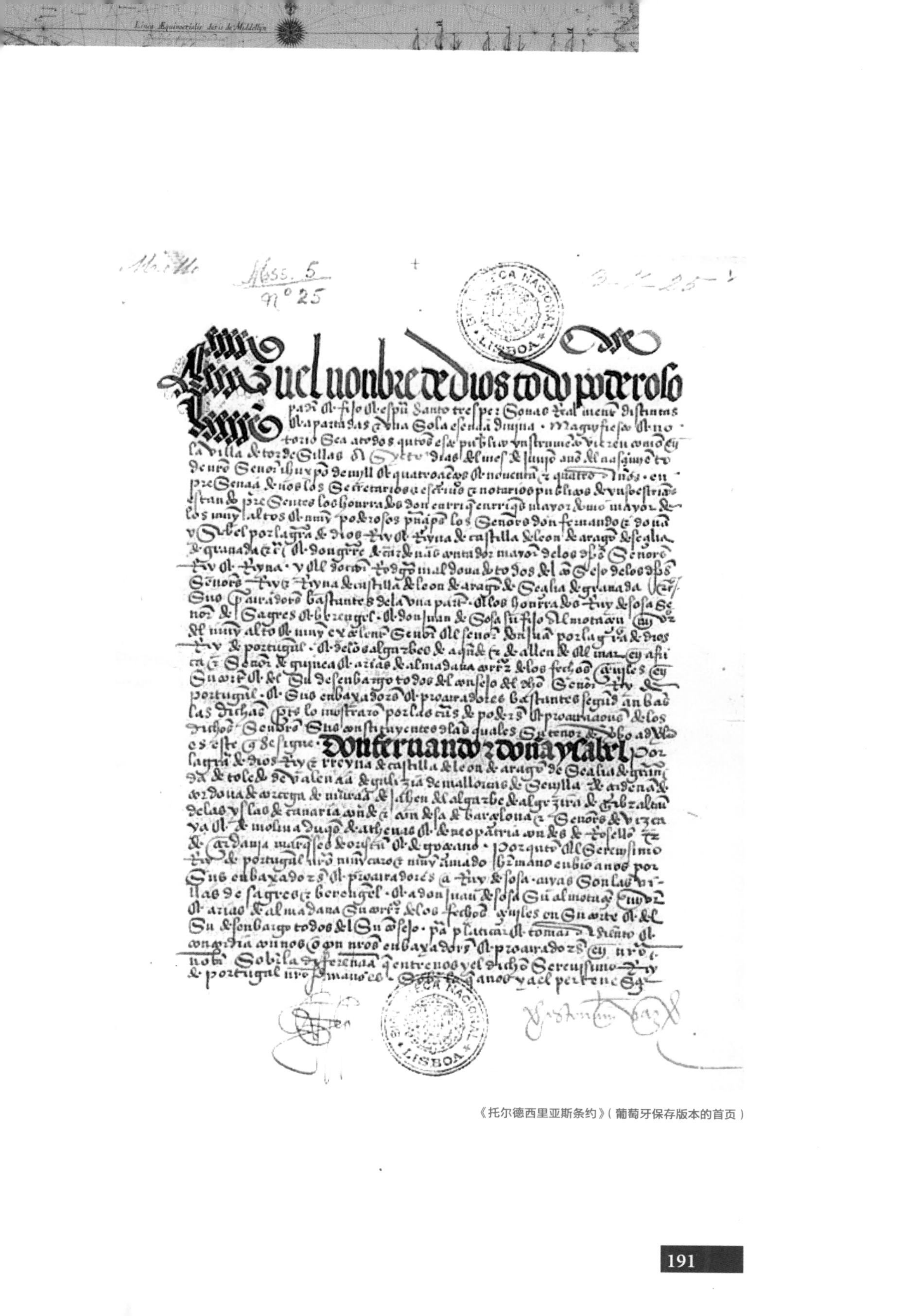

《托尔德西里亚斯条约》（葡萄牙保存版本的首页）

和瓷器后，运到欧洲。葡萄牙因此成为基督教国家的“海外大商行”。它把所有的异国食物转运到安特卫普，换取重要物品：谷物、纺织品、金属或纯金属工具、银币和铜币。

这场探险的矛盾之处在于它确实不利于葡萄牙。葡萄牙内陆土地贫瘠，人烟十分稀少，1530 年时大概只有 150 万人口。因此，葡萄牙没有商人和批发商阶层，它只是一个中间商。更严重的是，由于帝国面积过大，葡萄牙不得不向外借钱，尤其是向荷兰。作为“幸运儿”曼努埃尔的继任者，约翰三世企图使葡萄牙殖民地合理化，他放弃了父亲的殖民梦想，抛弃了摩洛哥控制权。但他的这一理性尝试只是昙花一现。唐·塞巴斯蒂安发动了复地运动，并为之奋斗至死。唐·塞巴斯蒂安死后，国家到了腓力二世手上，葡萄牙大西洋帝国面临着来自荷兰的威胁。

征服大西洋

1500 年，卡布拉尔发现巴西，但极有可能他不是第一个登陆巴西的葡萄牙人：航海“转向”导致其自然而然来到了这里而已。在 1494 年，西班牙和葡萄牙签署《托尔德西里亚斯条约》[①]，瓜分了世界。该条约表明葡萄牙早已占有了一块长满红树林的土地。

尽管这块土地离印度洋很远，但是却成了葡萄牙口中之物。在维

① 《托尔德西里亚斯条约》：地理大发现时代早期，两大航海强国西班牙帝国和葡萄牙帝国在教皇亚历山大六世的调解下，于 1494 年 6 月 7 日在西班牙卡斯蒂利亚的小镇托尔德西里亚斯签订的一份旨在瓜分新世界的协议。

葡萄牙帝国的功臣：昔日的葡萄牙航海家雕像

盖尼翁[①]探险之时，法国企图在那块土地建立永久殖民地，约翰三世做出了回应：他于1532年在圣文森特岛建立据点，并将某些区域赠给船长，让他们负责开发。由于甘蔗种植，葡萄牙在16世纪最后几年获得了巴西的主要资源。葡萄牙从商业帝国转变成了殖民帝国。

荷兰因为反叛腓力二世，与西班牙爆发战争。葡萄牙与西班牙联盟导致其卷入这场战斗。在这场战争中，葡萄牙失去了一切。爪哇岛、摩鹿加群岛和锡兰落入了荷兰共和国囊中，而英国则在1622年依靠波斯人，占领了霍尔木兹海峡。在抢了香料贸易之后，荷兰人开始抢夺黄金和奴隶贸易，他们在1638年占领了埃尔米纳堡，1641年夺取了安哥拉。

从西班牙的控制中解脱之后，约翰四世决定将精力集中在大西洋。他于1641年收回了马德拉群岛，1642年收回了亚速尔群岛和佛得角，然后把1630年来到伯南布哥的荷兰人给赶了出去。但直到1648年，约翰四世才将荷兰人从安哥拉和圣多美与普林西比群岛赶了出去：这是决定性时期，因为没有了奴隶，便无法开发巴西。可想而知，果阿、莫桑比克和澳门也没有太重要的意义。

当多哥、贝宁、尼日利亚、喀麦隆和加蓬（著名的“奴隶海岸”）的战俘运往圣多美，然后再被运到萨尔瓦多，在那里种植甘蔗和烟草之时，一个真正的殖民帝国诞生了。安的列斯群岛的竞争越来越大，葡萄牙开始勘探地下，寻找新的资源。当时，米纳斯吉拉斯州、戈亚斯州和马托格罗索州盛产黄金和钻石，为葡萄牙带来了无与伦比的繁荣。然而，葡萄牙再不复当年的辉煌。

① 维盖尼翁：文艺复兴时期的欧洲探险家之一，曾为法国在巴西建立了一个新教徒殖民地，后该殖民地遭到了葡萄牙的攻击和摧毁。

1638 年，荷兰和葡萄牙舰队在果阿附近进行海战

Circulus articus
Oceanus occidentalis
Terra del Rey de portuguall
Has antilhas del Rey de castella
Os montes claros em affrica
Castello damina
Linha equinocialis
Mare oceanus
Tropicus capricorni
Pollus antarticus

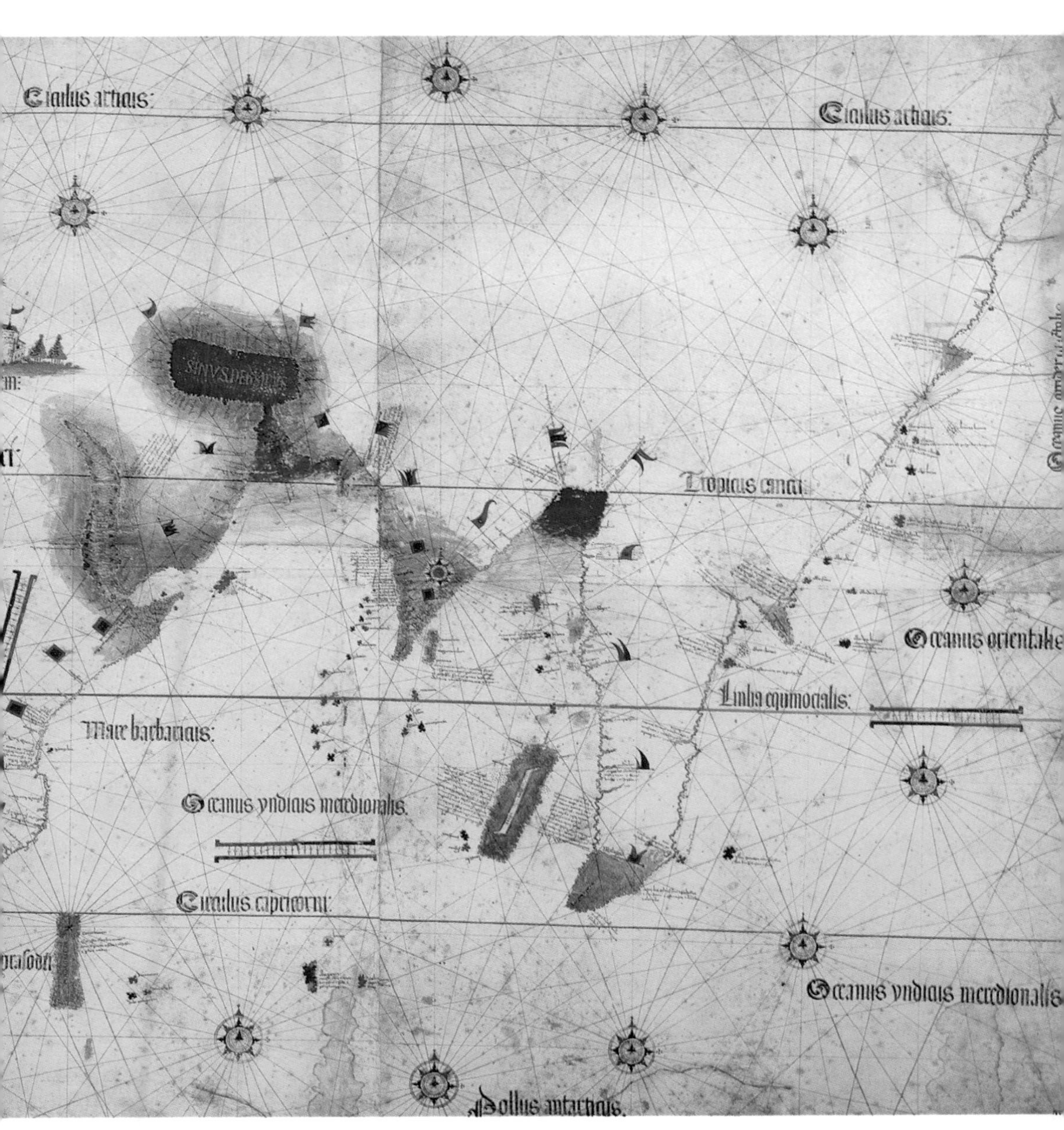

1502年，坎迪诺平面球形图。出自地理大发现，图上标明了《托尔德西里亚斯条约》的分界线

OCEAN⁹ OCCIDENTALIS
MARE ATLANTICVM
MARE ÆTHIOPICVM
TERRA FIRMA
PERV
BRASILIA
Rio la Plata
C.S.Maria
I.Boriquem
Azores
I.S.Helenæ
I.S.Helenæ nova
I.Tristan de Cunha
I.Alu de Gonzales
HISPANIA
GALLIA
GERMANIA
POLONIA
MARE MEDITERRANEVM
LYBIA Cit.
TERRA NIGRORVM
GVINEA
NVBIA
ÆTHIOPIA SVPERIOR
Groenlandia
Island
VICTORIA

西班牙：耽于幻想

L'ESPAGNE CHIMÉRIQUE

16 世纪的西班牙具有成为 18 和 19 世纪的英国的一切素质：成为殖民帝国，坐拥美洲黄金白银，国家财富不可比拟，同时还具备一流海军。但是，由于无法在大洋和陆地之间做出抉择，西班牙最终失去了在海洋和陆地的地位。

全球统治欲望

西班牙帝国的诞生纯属偶然。由于一系列的王朝变故，勇士查理的受遗赠人查理五世先是继承了卡斯蒂利亚王国、阿拉贡王国、那不勒斯王国、西西里王国，以及奥地利的王位，而后又于 1519 年加冕成为日耳曼民族神圣罗马帝国的国王。辽阔的幅员并未保住西班牙的优势地位，反而导致其走向了毁灭。西班牙帝国一心追寻美洲黄金，不过总是遇到地缘政治障碍。首先，西班牙远未统一，导致野心不一。卡斯蒂利亚的传统政策主要基于与法国签署协约，以便收复整个伊比利亚半岛和地中海南部地区，1509 年夺取奥兰即是为此。卡斯蒂利亚往南扩张之时，还带着大西洋野心：1344 年，卡斯蒂利亚的亲王——路易斯·德·拉·塞尔达让教皇克莱芒六世加冕自己为加那利群岛的领主。他以前从未加冕过，这次加冕表明他贪图西部地区，而其实克里斯托弗·哥伦布才是值得继承西部地区的人。

相反，阿拉贡本来就只朝向地中海，它企图控制地中海，至少控制地中海西岸地区。它的这一想法导致其与法国产生了冲突，而法国又是那不勒斯和西西里王国安茹王朝的支持者，因此造成意大利战争爆发。

在这一复杂背景下，查理五世还要考虑米兰的战略利害。控制米兰，便可以通过孔泰将西班牙军队经由孔泰送至佛兰德。而一旦失去

克里斯托弗·哥伦布和他的儿子迭戈在修道院的门口

米兰，便为法国提供了介入之机。

但是，16 世纪的西班牙就是想要成为全球帝国。除了在 1580 年与葡萄牙联盟之外，腓力二世不断地在欧洲奉行干涉政策。在法国，腓力二世利用宗教战争，强制规定国王候选人。此外，他还试图让英国尝尝它的“无敌舰队[①]”的滋味。这次失败加速了西班牙的衰落。尽管当时西班牙还是海洋霸主，它却没有保护大西洋，实际上等于西班牙帝国向法国、英国和荷兰打开了大门。西班牙帝国是在追求香料中建立的，它是欧洲第一个开始殖民的国家。

香料竞争

香料竞争导致了美洲的发现。1487—1488 年，巴尔托洛梅乌·迪亚士穿越好望角，绕过非洲，开辟了通往印度市场之路。如果说伊莎贝拉一世支持克里斯托弗·哥伦布的计划，那也是为了发现一条更短的通往摩鹿加群岛和中国的道路，而非是为了发现新的陆地。

正是因为这一想法，查理五世支持麦哲伦，看不起埃尔南·科尔特斯的计划。在公社叛乱（1520 年爆发）和路德会抗议之际，征服阿兹特克帝国的计划看起来只是一个幻想，而进入太平洋则似乎大有希望。1521 年，在环球航行之时，麦哲伦发现了菲律宾。这次的环球航行只是把美洲和摩鹿加群岛及其被觊觎的香料连接起来的前奏。尽管埃尔南·科尔特斯取得了成功，一支由 8 艘舰船组成的探险队还是被委任给了弗雷·加西亚·霍夫雷·德·洛艾萨，该队伍旨在占领摩鹿

① 无敌舰队：又称“伟大而幸运的海军”，是西班牙 16 世纪后期著名的海上舰队。

达迦马驶往印度运回香料

1588 年 8 月，英国舰船与西班牙无敌舰队

加群岛。最后，只有一艘舰船抵达摩鹿加群岛。西班牙的欲望随之落空，不过这项计划并未受挫。

同年，埃斯特万·戈麦斯[①]试图从更北的地方找到一条通道，他希望这条通道比麦哲伦的可行。他首先北上，抵达新斯科舍，而后却在途中迷路。他所迷失的地方即是1906年罗尔德·亚孟森发现的西北通道。坚持不懈的埃尔南·科尔特斯也没闲着，他获准从太平洋沿岸港口出发，进行探险。1527年，他带领队伍起航，他的表兄弟阿尔巴罗·德·萨维德拉·瑟伦在探险中打头阵。埃尔南·科尔特斯先是抵达了马绍尔群岛和马里亚纳群岛，接着于1528年抵达棉兰老岛，最后在1528年3月27日抵达摩鹿加群岛的蒂多雷。但是返程往往很危险。为了再次抵达新西班牙，阿尔巴罗·德·萨维德拉·瑟伦在第二次探险中失去性命，此后很久没人成功。直到1565年，太平洋航海专家——奥古斯汀修士安德烈斯·德·乌达内塔明白了在返程之时，需要去往北方，寻找顺风。因此，他促进了著名的马尼拉邮船[②]的建造。1573年，两艘舰船首次开启了马尼拉到阿卡普尔科的商路，船上载着丝绸和瓷器。由于美洲货币值钱，这些丝绸和瓷器可以变卖，牟取丰厚利润。3年之后，墨西哥和马尼拉之间的商船定期来往，但是香料竞争成了次要的事情：美洲是一个“黄金国”。

---

① 埃斯特万·戈麦斯：葡萄牙制图师和探险家。

② 马尼拉邮船：1565—1815年期间，航行于菲律宾马尼拉和新西班牙总督区阿卡普尔科（今墨西哥阿卡普尔科）之间的船队。

NAVIS DICTA
VICTORIA
DVCE
MAGEL
LANE
PRIMA
CIRCVMVECIA
PER
ORBEM
TERRAQVEV
DIEBVS
1124.
VIC
TORIA
MARE PACIFI CVM
OCEAN9 PERVVIAN9
MAGELLANICA
CHI. LE
TVCV MAN
PE RV
AMA ZO NVM
BR ASI LIA
PAR AGVA
GVI-CARIANA
TERRA FIRMA
HI. SPA. NIA
NOVA
FLORIDA
FRANCIA
TERRA LABO RATORIS
Groen-landia
OCEAN9 OCCIDEN-TALIS
MARE ATLANTI CVM
Azores
HISPANIA
GALLIA
GERMA NIA
POLO NIA
LYBIA
BARBA RIA
BILE DVL GE RID
LYBIA Ct.
NVBIA
TERRA NIGRORVM
GVI NEA
ÆTHIO PIA IN FERIOR
ÆTHIOPIA SVPERIOR
IMP. ABIS-SINVM
Imp. Monomugo-rum
IMP. MO-NOMOTA PA
CAFRARIA OCCIDENT.
CAFRARIA ORIENT.
MARE ÆTHIO PICVM
Rio la Plata
C.S.Aug
I.S.Helenæ
I.S.Helenæ nova
I.Tristan de Cunha
I.Alv. de Gon zales
St. 26 22 Ian.
St 25 7 Ian. An. 1522
St. 27 15 Febr
St. 24 31. Dec.
Statio 6. 18. Dec.
I. Assum-tionis
I.Hesperides & de Capo Verde
I. Canarias
MARE MEDITERRANEVM

麦哲伦的“维多利亚”号航船行驶路线图，出自《新地图集》，1702—1710 年间由慕尼黑的海因里希·希谢勒所绘

美洲不可思议的惊喜

最初，克里斯托弗·哥伦布的发现让人十分失望。1492 年，探险队抵达巴哈马群岛、古巴、海地。次年，探险队抵达多米尼克、瓜德罗普岛和牙买加。很快，随着圣多明各的建立，殖民开始了。但是抵

阿尔布雷希特·丢勒的版画：马尼拉邮船

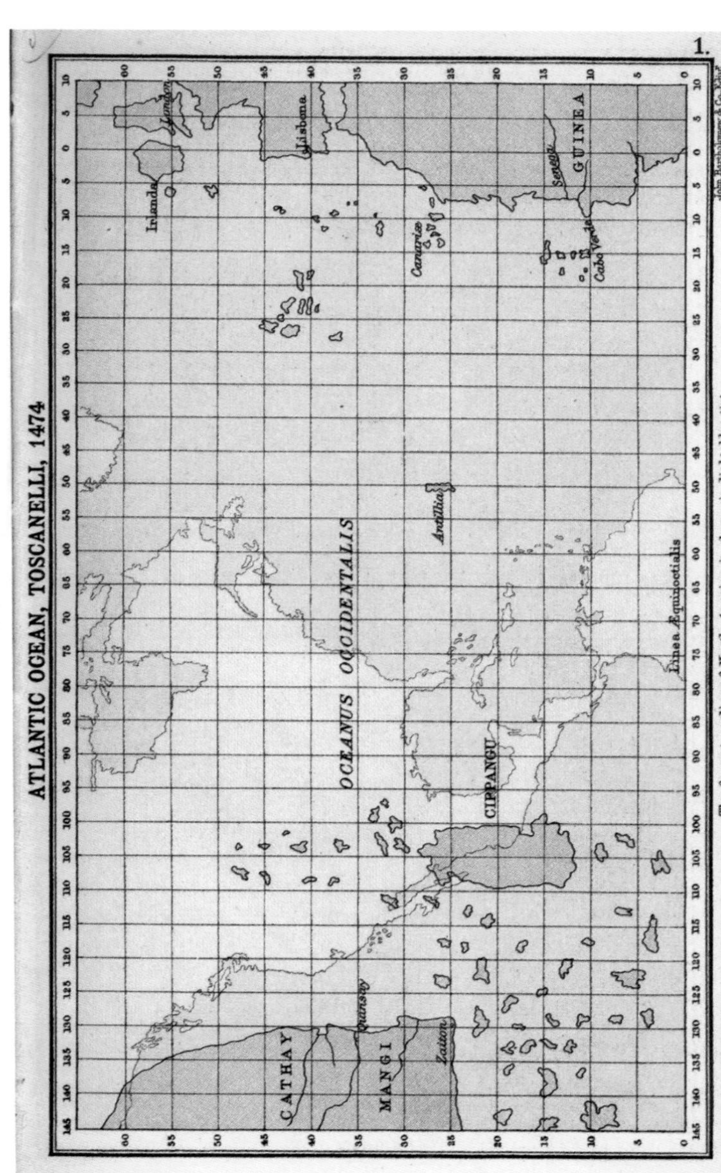

托斯卡内利对大西洋地理的看法（叠加在现代地图上），直接影响了哥伦布的计划

达远东的希望很快就破灭了。不过，哥伦布还是一直坚持，因为1498年，他发现了奥里诺科沙河河口，这让他相信他就在印度。

出于金钱考虑，西班牙统治者倾向于把征服新领地的任务分包给探险队队长，以便更好地资助他们感兴趣的事——寻找香料。这些探险队的队长可以自行选拔、配备和指挥队伍。从那时开始，大安的列斯群岛被占领，岛上的人沦为奴隶。不过，欧洲人带来的病毒感染了那些没有免疫力的人群，造成了毁灭性影响。大安的列斯群岛的经济开发失去了劳动力，导致这些欧洲人于1510年又去征服其他陆地。哥斯达黎加和尼加拉瓜的海岸遭到入侵，巴拿马于1519年建立。瓦斯科·努涅斯·德·巴尔沃亚就是穿越巴拿马地峡，最后抵达太平洋的。

探险队的举措经常设想错误，没有条理，而且负责的探险队长缺乏想象力。相反，埃尔南·科尔特斯只用差不多两百人，就占领了阿兹特克帝国。埃尔南·科尔特斯之所以取得胜利，一方面是由于他的队伍在技术上占据优势，另一方面埃尔南·科尔特斯有能力分裂对手，他把反对墨西哥势力的不同人士召集在自己身边。此外，在“悲痛之夜”（西班牙人被驱逐出墨西哥城），正是靠着这些盟友，埃尔南·科尔特斯及其队伍躲过了墨西哥的追剿。1521年8月，埃尔南·科尔特斯依然靠着这些盟友，彻底灭了阿兹特克首都，报了旧仇。

科尔特斯的成功和黄金的发现造就了“黄金国”神话，大量的征服者来到美洲。西班牙的探险进入了一个新的阶段。在这一阶段，土地开发和占领取代了商业贸易，只有西班牙本土从中获益。贵金属（黄金和白银）的价值占通往欧洲的贸易的90%。但这些贵金属仅是冰山一角。皮革、胭脂虫、蓝靛、木材都被用来交易，换取食品（小麦、油、红酒）、布料和制成品。越来越多的殖民者来到美洲定居，这些物品

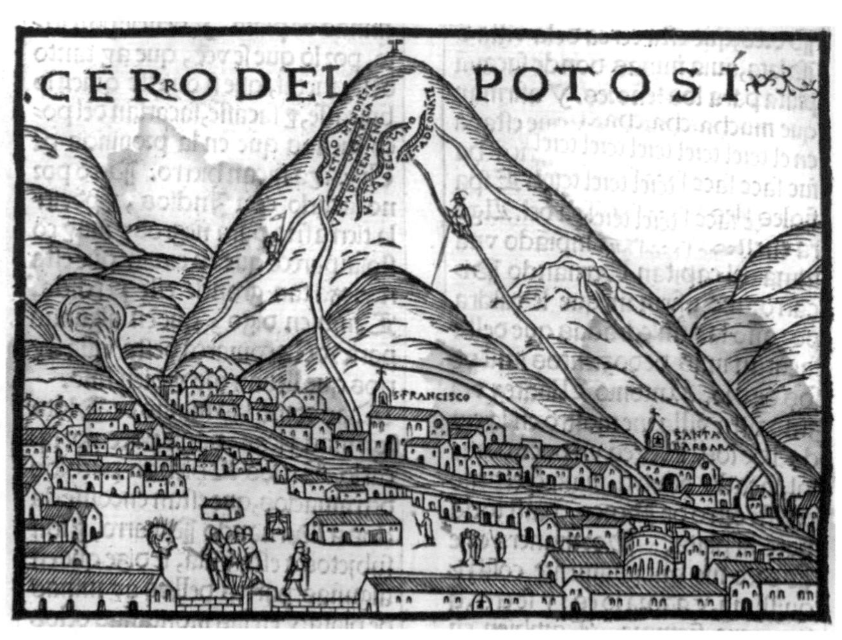

1545 年，在玻利维亚的波托西发现了巨大的银矿

对于他们而言不可或缺。殖民者带来了新的种植技术，改变了当地的植物。除此之外，殖民者还带来了动物，例如马。很快，北美的广阔平原到处都是这种巨大的野马种群。

控制大海有一个前所未有的特点，那就是拥有一支能够保障全球后勤的商船队伍。事实上，塞维利亚到维拉克鲁斯往返需要 15 个月。从塞维利亚到秘鲁，由于经过巴拿马地峡转运，往返需要 20 个月。而马尼拉邮船可以保证 5 年往返一圈。安的列斯群岛成了全球贸易的货栈，这里不但集中了发往西班牙的产品，还是欧洲食品的转运分散点。因此，西班牙建立了一支海军力量，旨在负责保护安的列斯群岛的商行，以及大西洋之间的贯通。腓力二世常年把自己关在埃斯科里亚尔修道院，过度关心陆地，而非海洋。在计划征服英国之时，腓力二世失去了“无敌舰队”，尤其是失去了海洋霸权。从此，西班牙海外帝国的大门向它的竞争对手打开了，尤其是荷兰共和国。

壁画：埃尔南·科尔特斯抵达墨西哥。1951 年，迭戈·里维拉 绘

16 世纪后期的塞维利亚港口

荷兰共和国：资本主义工场

LES PROVINCES-UNIES
OU LA FABRIQUE DU CAPITAL

荷兰共和国创立了资本主义殖民公司的模式。它依靠两家私人公司，建立了辐射全球的海洋帝国。这两家私人公司分别是西印度公司（WIC）和东印度公司（VOC），它们主要与西印度和东印度进行交易买卖。东印度公司被认为是今日跨国企业的鼻祖。在当时，东印度公司甚至拥有一支军队和一支舰队。东西印度公司一同创造了荷兰的黄金年代，它们从其他国家和地区获取原材料，由加工中心进行加工，从此拉开了殖民经济的序幕。

海外扩张

命运女神两次帮助荷兰提升实力。第一次是在1570年，那年在斯德丁通过了丹麦海峡自由航行宣言。借助自由航行，荷兰船只抢占了几乎全部的北方贸易。荷兰把自己的鲱鱼卖到了整个欧洲。事实上，在同俄罗斯与波兰的小麦贸易之中，荷兰拥有多样化的贸易资源。到17世纪初期，荷兰占领了桑德海峡（丹麦和瑞典的分界海峡）2/3的中转贸易。荷兰第二次得到命运女神的帮助是在1585年，那年，西班牙洗劫了安特卫普。荷兰取代了安特卫普在整个欧洲的葡萄牙香料转运贸易中的垄断地位，它把在北欧贸易中赚到的钱拿来投资，建立了一个从生产到销售的综合香料市场。

1602年，东印度公司带着这一雄心成立了。它先在马拉巴尔沿岸和苏拉特扎根，然后又在普利卡特落户。1619年，东印度公司在巴达维亚（今印度尼西亚雅加达）建立

1680 年印度胡格利区的军事基地

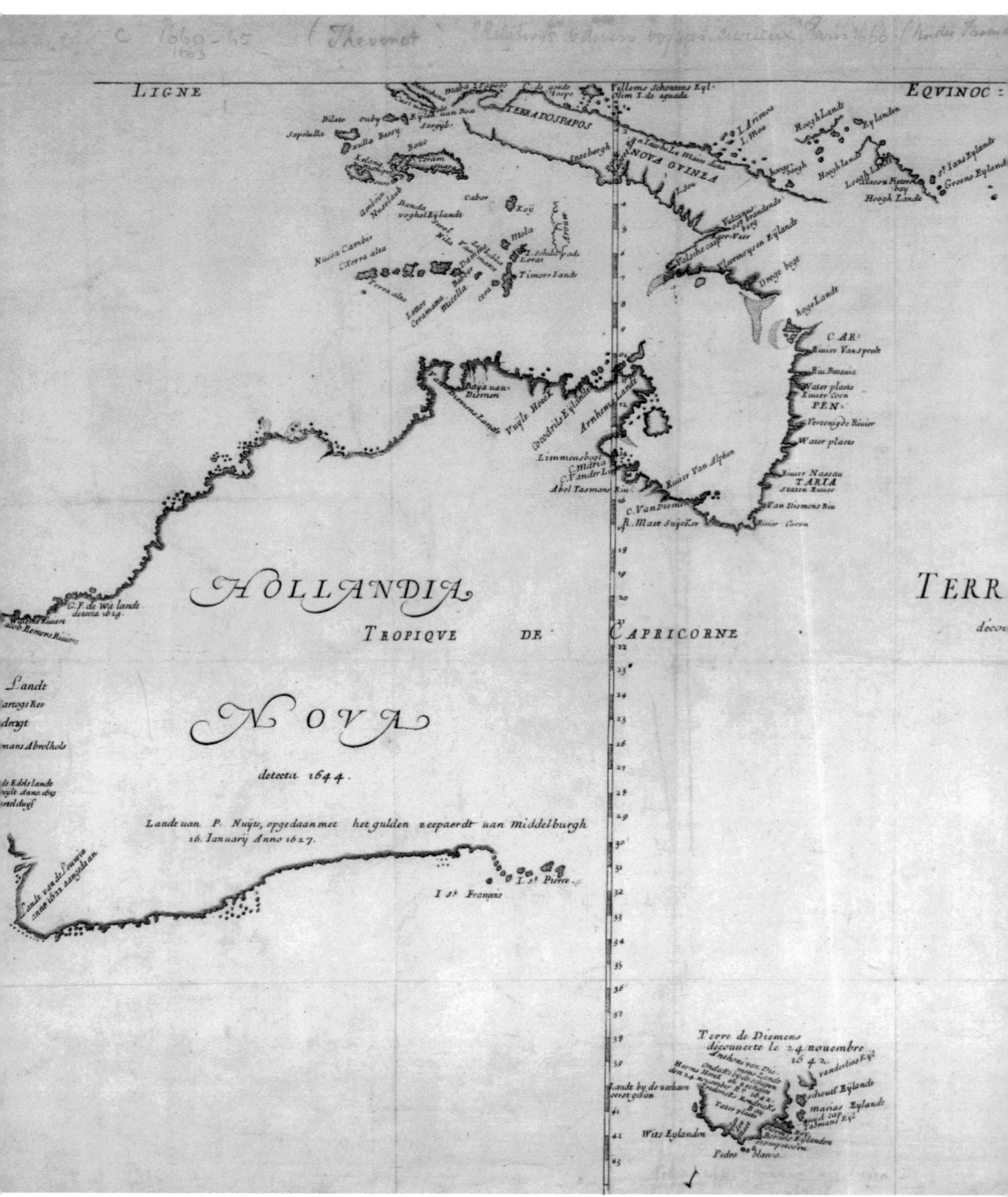

1644 年发现的南半球陆地。梅尔基斯德克・泰弗诺根据荷兰制图师琼・布劳所绘地图制作

了公司中心。作为巽他群岛的香料和其他产品的集散地，巴达维亚成了东印度公司的业务枢纽。东印度公司企图扩大到南中国海。1641 年，东印度公司突破了马六甲封锁，与日本幕府建立了联系。鉴于荷兰人对于宗教漠不关心，日本幕府便把他们作为日本与外界贸易的唯一中间商。

剩下要做的就是在这场贸易中取得垄断地位。1624 年，英国人被从安汶岛（肉豆蔻中心）和班达群岛赶了出去，因此，在 18 世纪末，东印度公司控制了摩鹿加群岛、爪哇岛和苏拉威西岛。除此之外，还有马尔代夫群岛。尤其是 1658 年，科伦坡衰落后，东印度公司为了桂皮控制了锡兰。从此，东印度公司占据了整个精细香料市场：肉豆蔻的假种皮、肉豆蔻、丁香和桂皮。为了赶走潜在竞争对手，东印度公司还就发货专营权进行协商谈判。在谈判之后，东印度公司甚至对种植业进行了专门的限定。比方说，丁香种植仅限于安汶岛，其他殖民地禁止种植丁香。1652 年，开普敦建立之后，东印度公司便可以经此往返，与集中在大西洋的西印度公司连接起来。

1621 年，西印度公司获资建立，旨在进

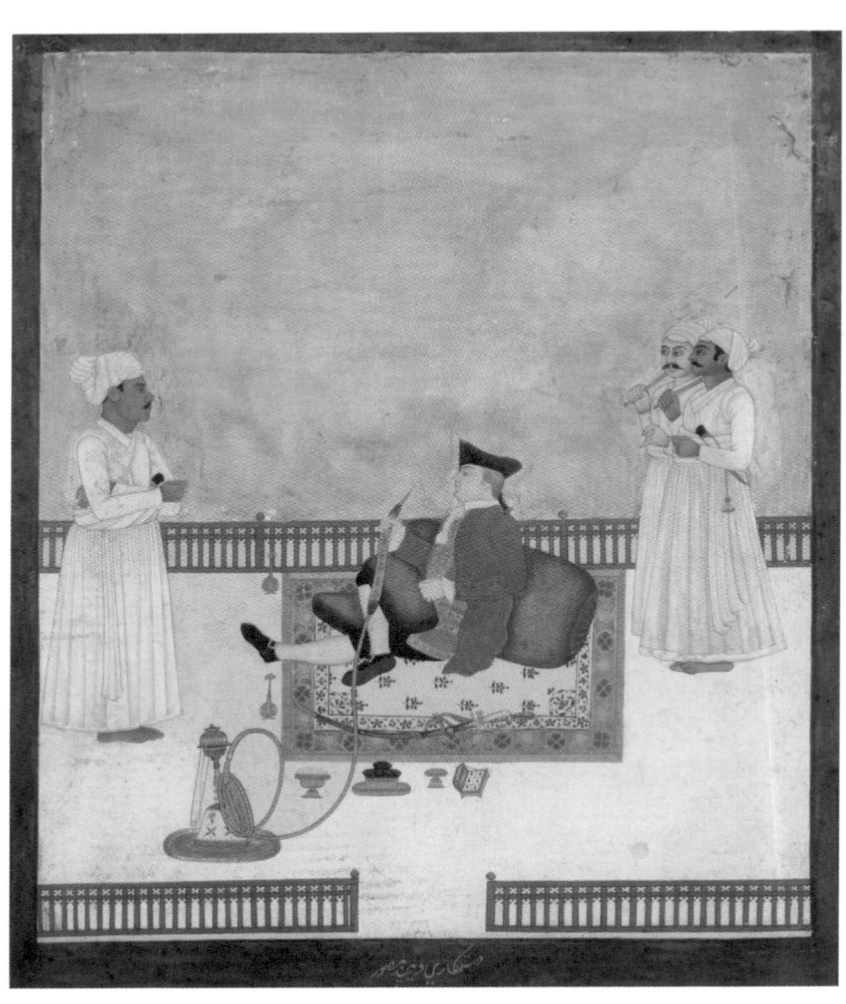

东印度公司的官员

行皮革、蔗糖和奴隶贸易。1624 年，西印度公司建立了第一个据点——奥兰治堡（奥尔巴尼），它构成了新荷兰的雏形。西印度公司一直延伸到今日的康涅狄格州、特拉华州和新泽西州的部分地区，它抢占了克里斯蒂娜堡（新瑞典），在 1653 年建立了新阿姆斯特丹——今天的纽约。西印度公司集中在皮草贸易上，它先把皮草运到安的列斯群岛，然后再转运至欧洲。与此同时，在圭亚那，尤其是在巴西生产的蔗糖被运到库拉索岛、博奈尔岛、圣尤斯特歇斯岛、萨巴岛和圣马丁岛。西印度公司把全部精力集中在伯南布哥州，它在 1630 年占领了累西腓。从此，西印度公司走上了扩张之路。纳塔尔和萨尔瓦多同样落入了西印度公司手中。17 世纪 40 年代初期，西印度公司控制了将

1655 年，雕刻画：西印度公司在阿姆斯特丹的驻地

近一千八百公里的沿岸地带。依靠非洲黄金海岸的奴隶，西印度公司积极在这些沿岸地带发展蔗糖工业。在黄金海岸夺取了葡萄牙的埃尔米纳堡之后，西印度公司建立了许多商行。

荷兰的海外商行与西班牙和葡萄牙的统治没有本质区别，其差异主要体现在国家本土。荷兰的经济并非只靠掠夺，它的特点在于建立了综合公司。这种公司预示了接下来数个世纪的殖民模式。

转向加工经济

荷兰成功的关键之一在于它是全世界的船商。西班牙人一样是船商，但他们仅仅是把西班牙帝国的各个地区给连接起来，而荷兰则把全球不同文明联系起来。通过在全球进行商业扩张，荷兰既可以垄断收益最高的产业，又能实现商业互补：中国的丝绸可以换取日本银币；反过来，可以用日本银币购买中国瓷器和其他珍贵香料。

荷兰控制的产品种类繁多，使得它

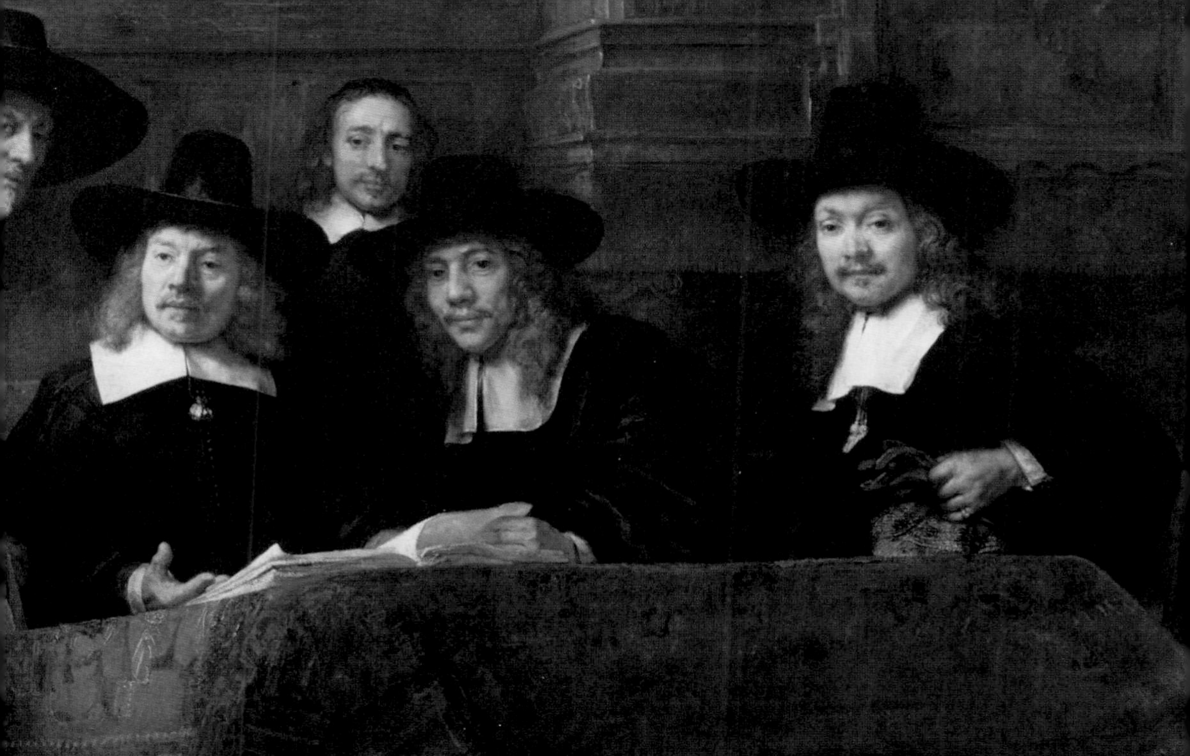

1662 年《布尔公会的理事》。伦勃朗 绘

在运输方面取得了成功。荷兰之所以成为世界重要船商，那是因为它从不空船航行，它的运输成本低廉，这种廉价运输模式起源于波罗的海，荷兰从 15 世纪开始控制着那里的木材和谷物贸易。由于进口木材和谷物，荷兰与北欧国家之间产生了巨大的贸易赤字。只有把这些产品卖到整个欧洲之后，荷兰才能赚取巨大利润，填补贸易赤字。无论如何，空船航行对荷兰人而言，是一个赚钱的好机会。于是，他们决定使贸易多样化，扩大商品销售范围。起初，荷兰出口的东西都是一些初级产品，例如葡萄牙的盐，法国的红酒，还有鲱鱼。很快，荷兰开始运输更加奢侈的物品，例如美洲的蔗糖、印度的香料，甚至还有莱顿的著名纺织品。莱顿的纺织品表明荷兰的经济越来越倾向于制造业。

荷兰的繁荣发展令人震惊，原因在于其能够不断自我创新。荷兰不满足做原材料进出口，它一直企图通过加工原材料，增加贸易收入。为此，除了生产纺织品（主要生产莱顿毛巾），荷兰又建立了蔗糖提炼厂、烟草制造厂、宝石加工厂、肥皂厂、制油厂。荷兰的贸易范围甚至扩大到了船舶建造，荷兰的船厂为整个欧洲提供服务。最具创新特色的是，荷兰放弃了粮食蔬菜生产，转而生产收益更高的出口型作物。荷兰大量从北欧进口种子，造成蔬菜和花卉产量飞速猛增，养殖业也跟着扩大。养殖带来了奶制品（著名的奶酪），这些奶制品占领了整个欧洲。

但是，这种模式只在开放经济中有用。法国和英国开始设置海关壁垒，对这一模式造成了致命影响。英法联盟敲响了荷兰统治全球的丧钟。不过，对于一个懂得更新其模式，以便以另一种方式存在的国家而言，这并非意味着结束。

1653—1656 年《席凡宁根海战》。扬·阿布拉哈姆次·贝尔施特拉滕 绘

模式合理化

在对抗腓力二世的时候，荷兰和英国结成盟友。但很快，荷兰和英国就因为海洋野心相左，反目成仇。奥利弗·克伦威尔是一个具有殖民眼光的人物，他是第一个攻击其过去盟友的人。在1652—1654年第一次英荷战争期间，克伦威尔为英国赢得了战争。尽管葡萄牙趁机夺回了巴西，但是战争最终以签订《威斯敏特合约》结束。接下来，虽然政体发生了变化，但是目的依然不变。查理二世继克伦威尔之后，表现出了同样的航海野心。在第二次英荷战争期间（1665—1667年），最知名的事件就是米歇尔·阿德里安松·德·勒伊特突袭泰晤士河口，最终荷兰赢得了战争。与此同时，另一个国家——法国也参与了进来。这一时刻，这三个国家来到了命运的十字路口。英国的航海野心反反复复；法国除了海洋野心，心里还想着大陆。至于荷兰，面对英法联盟，它需要做出一个选择：保留海洋帝国，抑或是发现的陆地。最后，英国与荷兰和解，缔结契约，该约定明确规定荷兰放弃新荷兰，换取英国的殖民地：寸草不生的苏里南。

第三次英荷战争发生在1672—1674年。随后，英国退出战争，留下荷兰与法国双方对峙。法国获得了领地，使它更加坚定自己的大陆野心，并促使荷兰和英国在威廉三世带领下结盟。除了拿破仑时代，英荷同盟很少失败，并最终击碎了法国的海洋野心。

荷兰的地缘政治选择——即殖民模式重构，为其延长了一个世纪的黄金期，一直延续到18世纪上半叶。这一时期，东印度公司的商业实力成了波罗的海第一，它向东印度派出了大量的舰船。与此同时，在荷属圭亚那，5万名奴隶耕作500块土地，大量生产蔗糖，最后这些蔗糖流向了整个欧洲。由于荷属圭亚那的种植经济获得了成功，西印度公司再次实现飞跃发展。

然而，法国和英国实力不断上升，导致荷兰整个国力有所衰退。1720年，荷兰控制着波罗的海2/3的木材，及至1760年，只剩下1/5。1710—1719年，荷兰几乎垄断了莱茵河的红酒，及至18世纪50年代，它失去了60%多的份额。1700年，超过60%的鲱鱼由荷兰提供，而1740年，荷兰的鲱鱼供应只占15%。东印度公司在印度和中国的阵地也逐渐没落。不过，荷兰一段时间内仍是世界银行家，它的对外投资达到15亿盾[①]，这些投资主要集中在英国。这里我们发现了英国成功的原因。1636年的“郁金香泡沫”曾经是荷兰统治的基础。这次的泡沫成了金融市场重建秩序的机会，也是最终吸引资本的方式。1720年，英国南海公司破产，多家银行倒闭，产生了同样的影响。伦敦重建促使荷兰船商和金融家来此安居，他们把资本投在英国国债之中，导致他们以前的竞争对手——英国获得了最后胜利。但是，在了解英国之前，我们先暂停一下，看看另一个被遗忘的帝国——丹麦帝国。丹麦帝国再现了维京人的冒险精神。

① 盾：荷兰银币名。

《讽刺“郁金香狂热”》。1640 年，小扬 · 布吕赫尔 绘

Oster Bijgd

卡尔马联盟：北大西洋之王

LA LIGUE DANOISE
OU LE COURONNEMENT DES GLACES

在叙述维京人的探险时，我们已经提及丹麦。到了后来，维京人渐渐地把目光转向大陆。为了争夺波罗的海的海岸控制权，北欧各兄弟国反目成仇，争执了好几个世纪。从15世纪开始，丹麦一直想对从厄勒海峡经过的船只进行征税。这一海峡当时处于埃尔西诺市的大炮攻击范围内。克里斯蒂安四世经过思考之后，决定带着丹麦再次走向海洋探险。

商行和公司

在丹麦历史上，克里斯蒂安四世是一位非常杰出的人物。尽管在军事方面，他的表现让人失望，但他仍然是一位十分受欢迎的国王。正是因为他，丹麦才会走向海外。为了让丹麦具有持久的贸易动力，克里斯蒂安四世开始建造和发展舰队。1596 年，丹麦只拥有 22 艘舰船。1610 年，其舰船数量增至 60 艘。1616 年，克里斯蒂安四世建立了丹麦东印度公司。1620 年，该公司在印度特兰奎巴成立了一个商行。成立之初，丹麦东印度公司只专注发展贸易。但是很快，它便专门从事走私活动。法国和英国的保护主义政策为该公司带来了巨大的赚钱机会。由于英国人对茶叶渐渐形成了依赖，走私贸易在 18 世纪取得了无与伦比的成功。18 世纪初，茶叶消费量还是很低。到了 18 世纪三四十年代，茶叶消费量越来越大。1780 年以后，茶叶开始在全球流行开来。因为茶叶的征税很高，所以走私茶叶是 18 世纪所有非法贸易中获利最高的。印度法国公司、荷兰东印度公司，甚至是印度瑞典公司都大量进口中国茶叶，然后走私卖到英国。丹麦东印度公司把这项非法贸易当作它的唯一目标。为了在茶叶市场占据有利地位，丹麦东印度公司于 1755 年迁到了塞兰坡，之后又搬到了加尔各答北部的阿什讷和比拉布尔。随着英国首相皮特大幅减少茶叶征税，合法贸易比走私更具吸引力，茶叶走私的黄金期也随之走向尾声。

1596 年 8 月 29 日，克里斯蒂安四世国王的加冕典礼。奥托 · 巴奇 1887 年绘

丹麦还成立了西印度和几内亚公司，以便在利润丰厚的蔗糖贸易上取得一席之地。为此，丹麦于1671年在圣托马斯岛建立殖民地。1718年，又在圣约翰岛建立殖民地。1733年，丹麦从法国手中买下圣克罗伊岛，所有这些岛屿一起构成维尔京群岛。丹麦给岛上带来了大量英国和荷兰的殖民者，在他们的推动下，岛上开始种植甘蔗。最后由于需要奴隶，丹麦还在黄金海岸的奥苏和塔科拉迪建立了一系列的商行和堡垒。

在18世纪达到鼎盛之后，丹麦海外帝国渐渐衰落，然后逐渐被卖掉。1845年，丹麦将印度领地卖给英国；1850年，丹麦又将非洲领地卖给英国；1917年，丹麦将维尔京群岛卖给美国。此时，丹麦只剩下北大西洋。

极北地区探险

在叙述维京人的统治时，我们曾经提到过格陵兰、冰岛和法罗群岛。维京人的统治经历了各种各样的遭遇。在占领格陵兰之后，由于无法抵御小冰期，最后一批移民迁到了文兰，也很有可能是迁到了挪威。此外，挪威占领了法罗群岛、奥克尼群岛、设得兰群岛，随后又在1262年，通过签署“旧约”，占领了冰岛共和国。

一个世纪以后，玛格丽特一世[①]利用王朝联盟和瑞典人民对统治者的反抗，于1397年建立了卡尔马联盟。实际上，这个斯堪的纳维亚国家联盟是由丹麦控制。丹麦利用这个机会，结束了汉萨同盟在波

① 玛格丽特一世：丹麦国王的女儿，嫁给了挪威国王。

1570 年的丹麦地图，包括斯堪的纳维亚半岛的部分地区。亚伯拉罕·奥特里乌斯绘

ISLANDIA
A
MARE GLACIALE
HELGALA
FARE
AMBRA SPERMA CETI
PISTR SIVE PHISET
ZIPHIUS
TILE
NORMORIA
D
ORCADES XXXIII
HETLADIA
INSULE HEBRIDES SIVE HVANIDES DICTE VERSUS HIBERNIAM NUMERO XL
NORVEGIA REGNUM
TOTEN
HETMARCHIA
TILEMARCHIA
SOLOGIA
VERMIS 40 PE LO
SCVTENES
POMONA
MARE DEVCALIDONICVM
HIS CLIPEIS SIGNA PONES VIRTUTIB SORTA VT PROBITAS GENERIS LUCEAT IPSA TUI
SCOCIE PARS
TVEDA
OCEANUS BRITANICUS
ANGLIE PARS
G
DANIA
HOLSATHIA
MARE GERMANICUM
DITMERSIA
SCALA MILLIARIUM

奥拉斯·马格努斯于 1539 年绘制的《卡尔塔码头》，是最早精确描绘了北欧国家的地图

罗的海上的贸易控制权。尽管瑞典经常抗议，但卡尔马联盟仍一直延续到 1524 年。那一年，古斯塔夫 · 瓦萨被推选为瑞典国王。

卡尔马联盟期间，北大西洋领地落入了丹麦手中。然而一开始，这些领地并没有引起新继任统治者的兴趣。在大陆扩张计划受挫之后，统治者们又开始从“精神”上审视他们的北欧领地。汉斯 · 艾格德急于想知道维京人的后代是否变回了异教徒，所以就在 1721 年对格陵兰发动了远征。当时，他在格陵兰西南沿岸，以哥特哈布[①]为中心，建立了一块殖民地。通过渔业利益，哥特哈布获得了成功，因为在1776年，“皇家格陵兰贸易”垄断了鲸脂的商业经营，这一垄断导致弗伦斯堡（今德国城市）迅速发展。

冰岛到处都是渔业贸易，这些贸易带来了丰厚的利润。正因如此，即便失去挪威（1814 年，挪威让给了瑞典），丹麦也要保住北大西洋领地。此外，对格陵兰的殖民一直持续，从未中断。直到二战结束之后，冰岛才取得独立，法罗群岛获得自治，而格陵兰一直到最近才获得自治。总之，丹麦是在小范围内开发殖民地资源。这种开发模式是征服美洲带来一系列变化的表现：商业贸易已经过时。

---

① 哥特哈布：意为“好的希望”

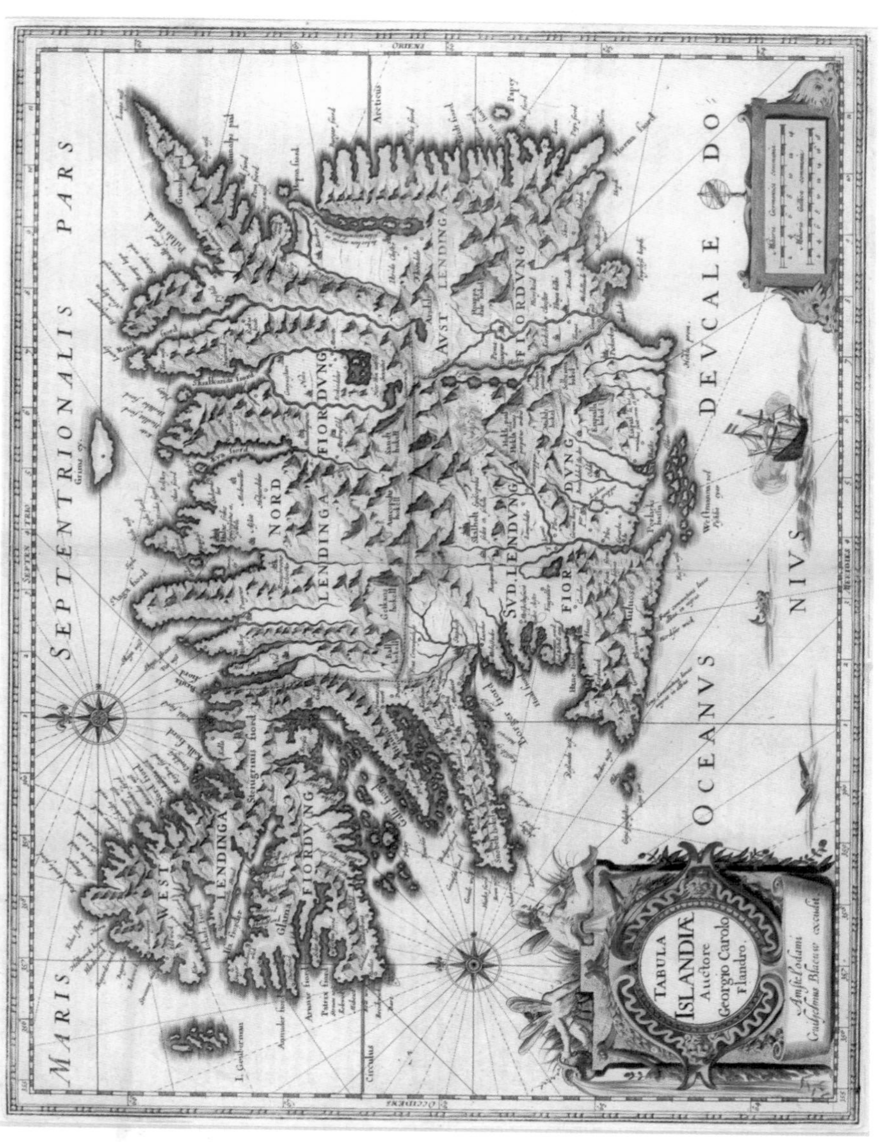
MARIS SEPTENTRIONALIS PARS
OCEANVS DEVCALEDONIVS
TABULA ISLANDIÆ Auctore Georgio Carolo Flandro.
Amstelodami Guiljelmus Blaeuw excudit
ORIENS
OCCIDENS
WEST LENDINGA FIORDVNG
NORD LENDINGA FIORDVNG
AVST LENDINGA FIORDVNG
SVD LENDINGA FIORDVNG

1630 年的冰岛地图

Disco.

Christians-Haab

Fretum Davidis

Pars America Septentr.

GRØN

Nordbay

Sydbay

Reisen den afbrendte Ø

Salen.

Fisker fiord

NB. Her ere mange Minne [illegible], hvor vore og Norske folk [illegible] [illegible], som af de forfaldne Bygninger og rudera er kiendelig at see.

Ball Revier

Amaralik fiord

Jetter Bugt

Fiskefiord

Arsvig

Cap Comf.

NB. Her ligemaade sees mange rudera af de Norske Bygninger [illegible] [illegible] [illegible] [illegible] i den Stand at de kand repareres.

Kakortok

Aglutsok

Onartok

Her findes Mineral som en [illegible] og [illegible] af [illegible]

Staten Huk

Cap Farvel, nu kaldet Cap

NB. Fiordenes Navne paa den Vester Siide af Grønland, hvor fordum var bebygget efterfølgende:

1 Lyse fiord. 2 Rafn fiord.

3 Ivar fiord. 4 Lein fiord. 5 Horns fiord.

6 Aguta fiord. 7 Ledat fiord. 8 Stein fiord. 9 Anda fiord. 10 Ragnes fiord.

11 Einars fiord, med tvende Kirker og Closterer.

60

61

62

63

64

65

66

67

68

1737 年，格陵兰地图。汉斯 · 艾格德 绘

英国：海洋之王

LONDRES,
IMPÉRATRICE DES MERS

在我们认知中，英国一直都是非常出众的海洋国家。然而，历史并不是写出来的。事实上，在很长一段时间内，英国一直犹豫选择大陆还是海洋。由此看来，吉斯公爵夺回加莱是英国历史的转折点。从这一象征性时刻开始，英国放弃了它在欧洲大陆的一切野心，甚至在1866年把汉诺威王朝的摇篮让给了普鲁士。虽然付出了代价，但是英国掌控了海洋，并成为当时最了不起的帝国。

第二次百年战争

继其他欧洲国家之后，英国后来也加入到了殖民冒险中，但是时间相对较晚。事实上，一直到西班牙的无敌舰队遭遇失败，部分海洋脱离西班牙控制之后，其他国家在海上才有机会。然后，英国才开始参与海外开发，以传统的三角贸易和香料贸易为主。

1600 年，东印度公司创立，谨慎启动运营。面对荷兰共和国的航海优势，东印度公司被迫放弃东南亚岛屿。通过与莫卧儿帝国建立良好关系，东印度公司撤退到了古吉拉特。借助保护前往麦加的朝圣者的船队，东印度公司于 1613 年获得了在苏拉特贸易的权利。接下来，东印度公司先后成立或吞并二十多个商行：1634 年的马德拉斯，1636 年的威廉堡，1674 年葡萄牙割让孟买，1690 年的加尔各答等。但是，英国人跟其他欧洲人不一样，他们不局限于香料贸易。英国人对印度的棉织品也十分感兴趣，他们把大量棉织品运回了欧洲。

1754 年，位于马德拉斯的圣乔治港。扬 · 冯 · 莱恩 绘

在征服美洲之时，英国同样既坚持传统，又有所创新。首先，英国占领了安的列斯群岛基地。对于每一个想与新大陆贸易的欧洲国家来说，安的列斯群岛基地不可或缺。1595 年，英国征服特立尼达；1605 年，征服巴巴多斯岛；1625 年，征服圣克里斯托弗岛；1628 年，征服蒙特塞拉特岛和安提瓜；1638 年，征服尤卡坦州沿岸；1655 年，征服牙买加。英国占领北美有两个目的：其一，开发领地资源；其二，秘密寻找其他领地。弗吉尼亚州成了英国的第一个目标。波卡洪塔斯[①]和“五月花”号即是在这里诞生，这二者成了未来美国的象征符号。1630 年，波士顿成立，马萨诸塞州殖民地建立。1635 年，新英格兰在英国人的据点——罗得岛周围初具雏形，而后在 1639 年扩大到马里兰，1664 年扩大到卡罗来纳州和纽约，1681 年扩大到宾夕法尼亚州。

这一时期，“第二次百年战争”已经开始，但是法国浑然不知。正如前文所述，这次战争的起源可以追溯到第三次英荷战争。由于英国中途退出，第三次英荷战争很快演变成荷法冲突。原因是什么？当时英国已经完成了它的战略目标。荷兰不再是占据主导地位的强国，这为英国在美洲和印度留出了自由空间。相反，由于法国在路易十四时期进行殖民扩张，此刻它成了英国的强大竞争对手。

接下来，英国利用各个冲突削弱法国的海外力量。它利用西班牙王位继承战争，抢占了当时的法国殖民地——阿卡迪亚，同时占领了一系列战略要点：1713 年，英国占领了直布罗陀海峡、梅诺卡岛和圣克里斯托弗岛。接下来爆发了七年战争。为了达到目的，英国甚至不择手段。在宣战之前，英国从它的港口和海上抢夺了 300 艘法国商船，

① 波卡洪塔斯：也称宝嘉康蒂，美国弗吉尼亚州印第安人。

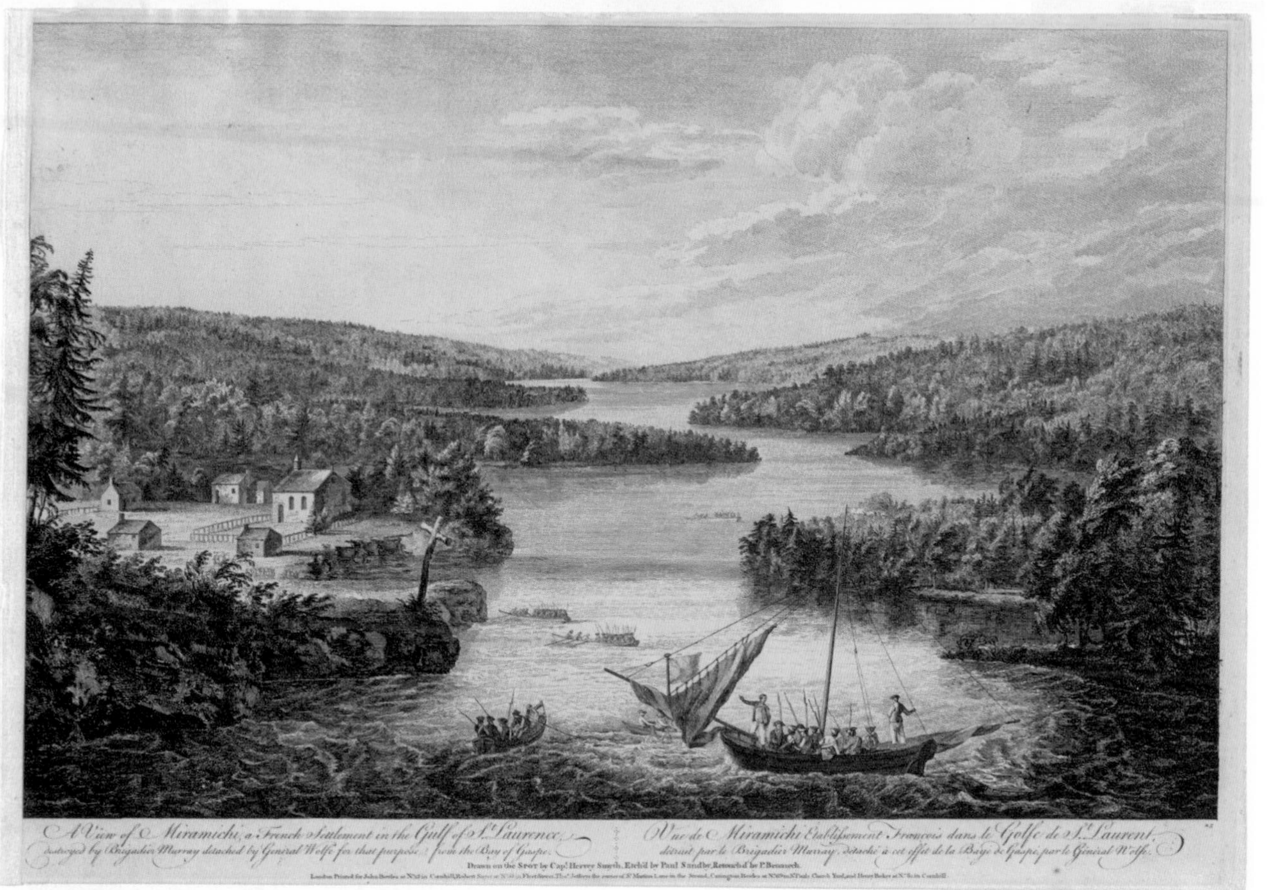
A View of Miramichi, a French Settlement in the Gulf of St. Laurence,
destroyed by Brigadier Murray detached by General Wolfe for that purpose, from the Bay of Gaspe.
Vue de Miramichi Etablissement François dans le Golfe de St. Laurent,
détruit par le Brigadier Murray, detaché à cet effet de la Baye de Gaspé, par le Général Wolfe.
Drawn on the Spot by Capt. Hervey Smyth. Etch'd by Paul Sandby, Retouch'd by P. Benazech.

1758 年，英国对法国新不伦瑞克省的突袭

1667 年第二次英荷战争

还偷了纽芬兰的渔船。它的目的就是为了削弱法国海军，使其不敢对英国皇家海军控制海洋提出争议。战争结果无法改变，法国失去了北美洲和印度，只剩下一些种植甘蔗的岛屿。法国在这些小岛上又重新振兴，但只是昙花一现。法国大革命和拿破仑帝国让法国的野心化为泡影，最后承认英国对海洋的控制。最终，英国可以经由圣赫勒拿岛、阿森松岛、开普敦、毛里求斯以及塞舌尔抵达印度。除此之外，英国还在地中海和马尔维纳斯群岛[①]中心获得了其他战略点，比如马耳他。最后，随着征服澳大利亚、新西兰、马来亚，以及锡兰，大英帝国逐渐扩大。

① 马尔维纳斯群岛：即英国海外领地福克兰群岛，阿根廷称之为马尔维纳斯群岛。

18 世纪的战舰

全球帝国

有人觉得 18 世纪是法英竞争经济秩序的世纪，其实这种感觉不完全正确。因为在那个年代，法国还是依靠商行经济，而英国已经着手进行工业革命。法国开发殖民地，是为了转卖殖民地的原材料、蔗糖和烟草，而英国则大规模地生产制成品、纺织品、小型家用工具，以及广义上的铁器，并把这些物品带到了殖民地。拿破仑战争结束之后，英国已经发生了转变。

世界经济进入新的阶段，随之产生另一种帝国。它不需要垄断某些产品或贸易，尽管这是财富来源。它只需抢占本国最新工业运营所

《巨人罗兹》，1892 年罗兹宣布在开普敦与开罗之间铺设一条电缆时人们所绘的讽刺漫画

必需的原材料，垄断其产品流通市场。由此来看，连接开罗和开普敦的铁路仅仅是个象征而已。

英国人的聪明在于他们能够“分而治之”，有能力建立自己的客户网。征服印度就是一个案例。首先，英国东印度公司采取了印度法国商行总督迪普莱的政策，力图从莫卧儿帝国获得土地和可以赚钱的垄断商品（盐和鸦片），以资助当地军队，如印度土兵。在探险之初，英国介入印度次大陆的各种争端，印度土兵打头阵。但在1857年，印度爆发民族起义，印度土兵企图挣脱英国的束缚，但最终却促进了英国对印度的统治。伟大的莫卧儿帝国覆灭了，印度帝国（英属印度）诞生了。

征服新的领地是一回事，坚持统治和消除潜在对手则是另外一回事。当时，国与国之间根据眼前的机会和需要，合合分分，分分合合。克里米亚战争（1853—1855年）即是其中的一个例证。在这场战争中，英国认为俄罗斯有点过于狂妄，于是便与法国结盟，对抗俄罗斯，不过奥地利和普鲁士采取了中立态度。俄罗斯记住了这次的教训。1877年，俄罗斯同意了一份全球协议，以便在中亚扩大自己的影响范围。

也许这就是大英帝国国祚长久的原因。另外，大英帝国懂得扮演和平缔造者的形象，自我克制，以安抚怨恨，缓和紧张。1884年，英德在柏林召开会议，划分非洲领地范围。但这场会议隐藏了英国签署的所有特殊协议。同一年，英国将巴布亚部分地区交给德国保护即是例证。就像1890年签署的《黑尔戈兰—桑给巴尔条约》，英国把北海的战略岛屿——黑尔戈兰岛割让给德意志帝国，使德国放弃桑给巴尔，其目的是为了控制苏伊士运河附近的索马里沿岸。

与此同时，英国从未忘记自己的利益，它尤其明白掌握海洋战略点的必要性。1819年，英国占领了新加坡。1824年，英国占领了马六甲，

ОТРАЖЕНІЕ АНГЛИЧАНЪ ОТЪ ГОРО

俄罗斯版画：克里米亚战争期间，围攻塔甘罗格

而后占领了苏伊士运河。在运河建立之初，英国一直对其可行性持怀疑态度。但从1869年苏伊士运河通航开始，英国不停地想着控制这条航道，因为它对英印关系至关重要。1875年，本杰明·迪斯雷利买下了埃及政府的全部运河股票。1882年，埃及被英国占领。1885年，英国出于同样逻辑——保护帝国的珍珠链，彻底占领缅甸。

正因如此，到了1914年，大英帝国的统治面积达到2600万平方公里，人口超过4亿。英国开始使用另一种优势——经济秩序优势。根据国际法规定，暹罗、阿根廷和中国都是独立国家。这些国家的市场都处于英国的严格控制之下。英国会毫不犹豫地利用强制手段，打开这些国家的市场大门。为了迫使中国对鸦片开放市场，英国发动鸦片战争，因为鸦片是英国缓和结构性贸易逆差（主要因为英国大量进口茶叶）的唯一手段。中国深受战争伤害。1839年，中国出让香港给英国[①]，香港立刻成为贸易的后方基地。大英帝国延续了将近一百年。从第一次世界大战之后，大英帝国再也没有恢复过来。英国为在一战中的胜利付出了十分沉重的代价，大英帝国开始走向衰落。

帝国衰落

第一次世界大战的结果不合常理。英国通过武力赢得战争，但其经济却被摧毁。这一刻，帝国的扩张达到了巅峰，其领地居住着全球将近1/4人口，所辖领地占全球陆地面积的22%。英国通过获得德意

① 此说法不准确。1840年，英国发动鸦片战争，1841年1月，强占香港岛，1842年，英国强迫清廷签订《南京条约》，割占香港岛。后来，又通过《北京条约》《展拓香港界址专条》割占九龙半岛及新界。——编者注

ARCHIPELAGO DE S. LAZARO
Linea Æquinoctialis dat is de Middellyn

英国“胡德”号战列巡洋舰

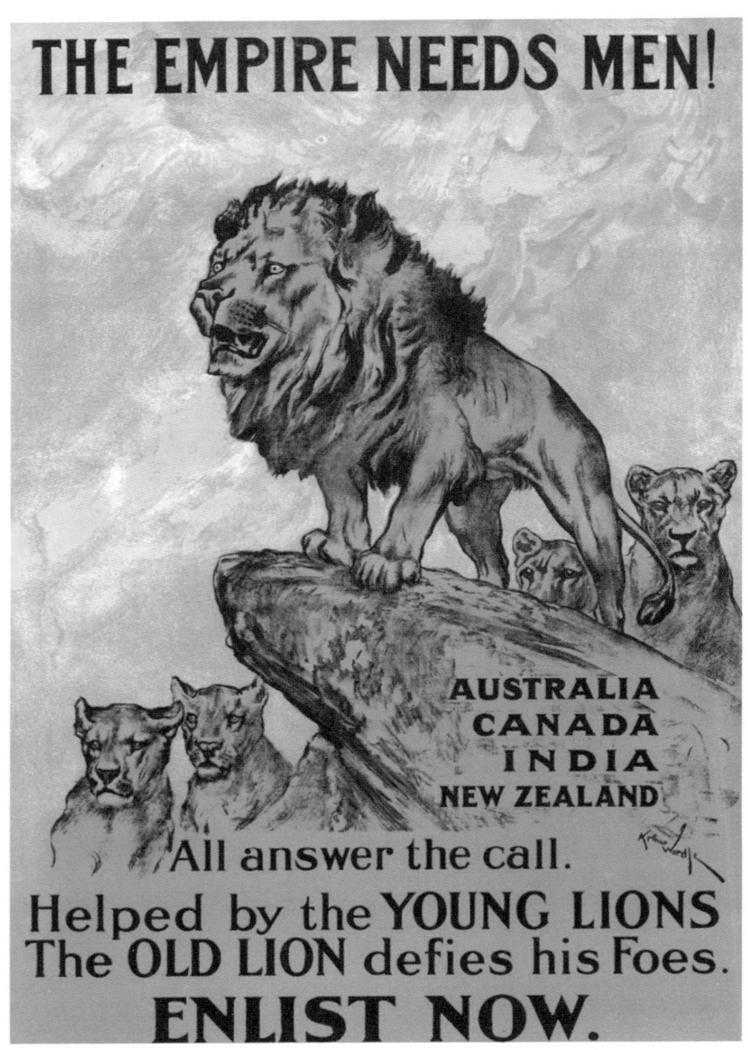

1915 年，英国议会征兵委员会的海报。阿瑟 · 沃德尔 绘

志帝国领地，扩大了其非洲领地，但最主要在于英国获得了奥斯曼帝国的部分领地。在托马斯·爱德华·劳伦斯（阿拉伯的劳伦斯）的史诗中，英国仅仅保留了哈姆西王朝，以窃取外约旦和伊拉克，然而伊本·沙特却从英国手中夺走了阿拉伯半岛的大部分地区，包括圣地。和以往一样，英国想方设法“分而治之”，推动成立科威特，并将波斯湾周边分裂成无数的附属酋长国。最后并非不重要，国际联盟把巴勒斯坦交由英国统治管理。

石油是第二次工业革命的动力。石油的夺取中有了新的参与者——美国。美国对伊本·沙特的胜利格外感兴趣，它懂得立刻与伊本·沙特建立的新王国建立特殊关系，并因此在战略地区站稳脚跟。

当然，英国还有一些不错的领地。但是一战之后，由于不想让英镑贬值，英国背负了巨额债务，导致其无法在经济上再次雄起。两次世界大战期间，由于“福特主义”和“泰罗主义”，世界进入了大众生产和消费时代。“福特主义”和“泰罗主义”象征着美国胜利即将来临。

第二次世界大战成了大英帝国的“天鹅之歌”。诚然，英国获得了二战胜利，但其却付出了灾难性代价。这场灾难在亚洲引起轰动，一直被抑制的独立运动爆发了。本来，英国可以效仿荷兰在东南亚岛屿的做法，或者法国在印度支那的做法。但英国没有选择这么做，它选了第三种解决方案——英联邦。1956 年，苏伊士运河危机之后，英国放弃了一切帝国愿望。

在一个多世纪里，英国做了一个表率，它的经济和政治模式被全球许多国家复制，尤其是法国。

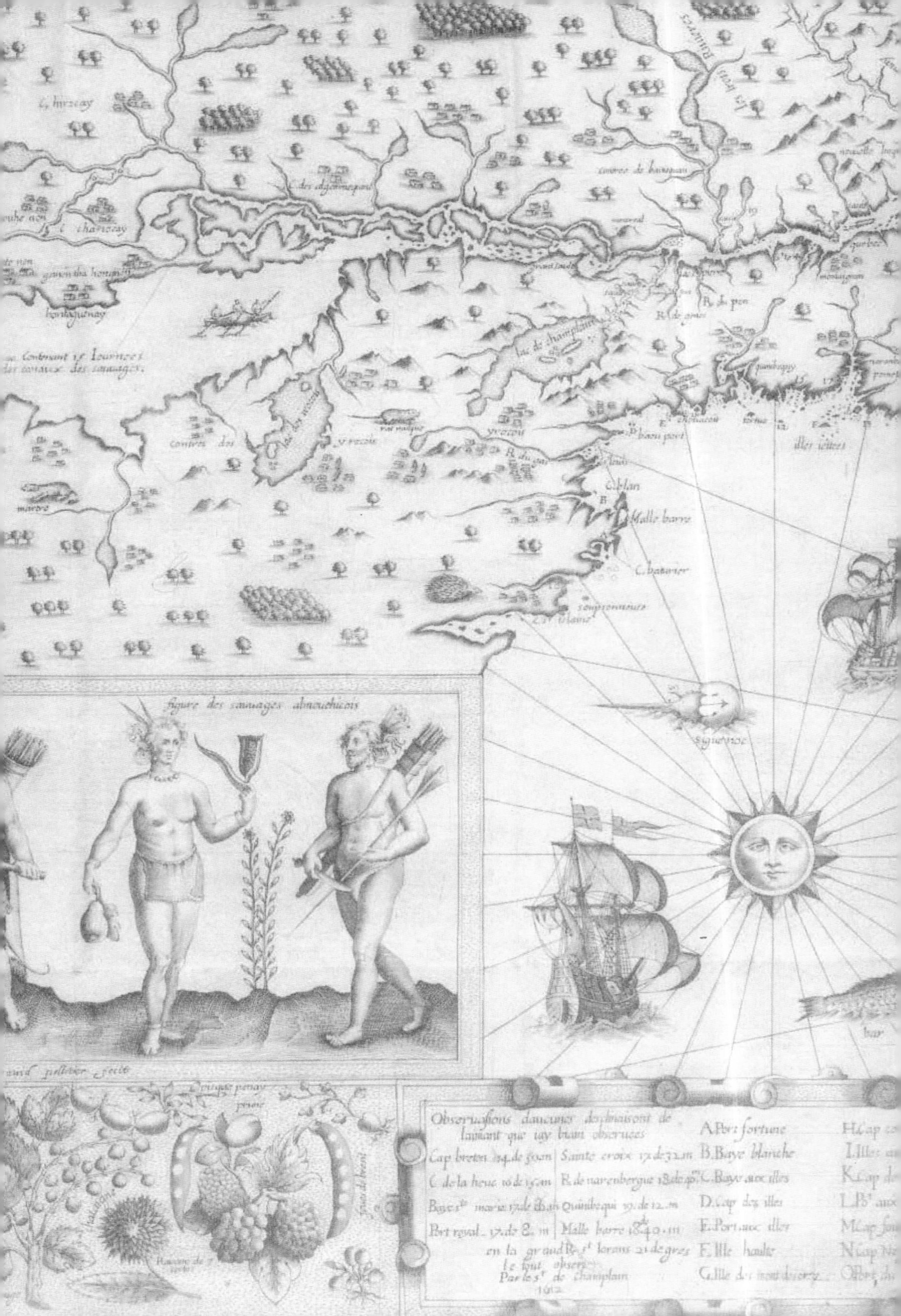
lac de champlain
quebec
B. Baye blanche
Malle barre
figure des sauvages almouchicois
A. Port fortune
B. Baye blanche
C. Baye aux illes
D. Cap des illes
E. Port aux illes
F. Ille haulte
Sainte croix 17. de 32. m
Quinibequi 19. de 12. m
Port royal 17. de 8. m
Par le sr de Champlain
1612

法国：断断续续

L'INTERMITTENCE FRANÇAISE

很少有法国统治者懂得航海的重要意义，由于边境受到威胁，尤其是在哈布斯堡，法国在一定程度上更偏向大陆。然而，这一倾向却扼杀了它统治全球的愿望。尽管拥有经验丰富的海军战士和上乘军舰，法国却在海上输掉了“第二次百年战争”。

开端

法兰西诸国王组建了国家早期舰队，但这些舰队都是根据即时目标成立的。菲利普·奥古斯特集结了一支舰队，在英格兰登陆。为了十字军东侵，圣·路易建立了艾格·莫尔特市。直到美男子腓力四世继位，法国才真正萌生了海洋野心。受西班牙塞维利亚造船厂的启发，法国也不再租借船舰，它在鲁昂成立了“战船之园”，在那里修建真正的基础设施和船坞。同时，为了使法国人习惯海上工作，法国还引进了外国专家，比如雷尼尔·格里马尔迪，他本来是西班牙卡斯蒂利亚的海军上将，也来到法国为之服务。法国的这项政策取得了成功，在1304年8月17日，法国在济里克泽的战役中打败了居伊·德·那慕尔领导的佛兰德舰队。

然而在1340年，法国第一支舰队的剩余舰船在斯鲁伊斯海战中被击沉。在这场战役中，法国一共200艘军舰，其中160艘被摧毁，同时还牺牲了两位海军上将。到了英明的查理五世时期，法国再次萌生了海洋野心。首先，查理五世深知要想切断英国的补给路线，海军必不可少。于是他向联盟舰队求助，并获得了成功。一支西班牙—热那亚舰队在拉罗谢尔驱退了彭布罗克伯爵的舰队，帮助法国收复了西南的普瓦图、圣东日和昂古莫瓦。其次，英明的查理五世依靠让·德·维

1340 年斯鲁伊斯海战的手抄本——出自《编年史》。1470—1475 年，让 · 弗鲁瓦萨尔 著

埃纳重建了一支舰队。到了1377年，这支舰队已经拥有120军舰，其中有35艘远洋军舰。遗憾的是，查理五世的继任者没有像他这样努力。

法国就这样走走停停，停停再走。正因如此，尽管法国拥有重要的王牌，甚至在大西洋上都十分活跃，但它在大洋探险上还是迟了一步。1365年开始，迪厄普和鲁昂的商人在非洲沿岸进行贸易活动，他们从那里带回了大量的象牙。1402年5月，让·德贝当古和加迪费·德·拉萨尔企图殖民加那利群岛。不过，由于百年战争，加那利群岛的殖民突然终止了。

由于美洲的发现，弗朗索瓦一世开始采取积极政策。他建立了勒阿弗尔，并就教皇圣谕——教皇子午线（西班牙和葡萄牙瓜分殖民地的分界线），重新与教皇激烈谈判。最终，教皇克莱芒七世承认教皇子午线仅仅适用于已经发现的土地。有了教皇的支持，弗朗索瓦一世便支持雅克·卡蒂埃到未来的新法兰西进行探险。他还支持私人探险，尤其是迪厄普人的探险。这些人在纽芬兰的钓鱼洲占据了一个令人羡慕的地方。不过，宗教战争再次压倒了法国的海洋野心。比方说在1555年，由于新教徒和天主教徒之间的冲突，巴西维莱加格农岛计划遭遇失败。

亨利四世结束了宗教战争，再次推动了全方位的海洋野心。通过与奥斯曼帝国建立贸易联系，马赛成了丝绸贸易的中心。1604年，法国人塞缪尔·德尚普兰建立了阿卡迪亚的首都——皇家港。塞缪尔·德尚普兰一共进行了9次航行，他是新法兰西的倡导者。他在1608年建立了魁北克，在1611年建立了蒙彼利埃。这次与以往不同的是，亨利四世死后，法国依然坚持他的政策。1624 年，德尚普兰进行了最后一次航行，并于 1625 年抵达安的列斯群岛的圣克里斯托弗岛，对其进行探索。

主要野心

第一殖民帝国是在黎世留和他的继任者马扎然、富凯和科尔贝尔努力下建立的，这些人利用帝国为法国带来了收益。到了路易十五手中之后，他放弃了这一殖民帝国。主教黎世留之所以关注海洋，可能是由于他来自普瓦图，这也正是他对西班牙发动海战的原因。1637 年，法国再次攻占莱兰群岛，并于次年在热那亚取得胜利，最终切断了西班牙与意大利的联系。由于丹麦与荷兰联盟，西班牙与波罗的海的联系也断了。波罗的海是西班牙无敌舰队的木材、柏油和亚麻来源。

战争之后，主教重建了一支舰队，并在布雷斯特、今日滨海夏朗德省的布鲁阿格、土伦周围建立了永久基地网。有了基地网作为支撑，法国就可以推行真正的海外国家政策，帮助新法兰西腾飞，甚至在安的列斯群岛建立据点，因为那里的蔗糖和烟草可以带来可观的收益。继圣克里斯托弗岛之后，法国还占领了瓜德罗普岛、马提尼克岛、多米尼克、圣卢西亚、拉代西拉德岛，以及桑特群岛、圣巴托罗缪岛、圣克罗伊岛、圣马丁岛、玛丽—加朗特岛、特立尼达和多巴哥。当时，对于任何种植经济而言，奴隶都是必不可少的。这些奴隶都是从 1639 年占领的戈雷岛上被运走的。印度洋也未能幸免，法国在 1638 年占领了波旁岛，该岛是通往印度的第一环。随后在 1674 年，法国抵达

本地治里，印度公司的仓库和总督的住宅——18 世纪的雕刻艺术

了印度。

在太阳王路易十四统治下，帝国真正地达到了繁荣昌盛。1664 年，法国成立了一家印度公司。这家公司先是建立在本地治里，而后于 1688 年迁到尚德纳戈尔。到了 17 世纪，该公司取得了巨大发展。至于美洲，法国在那里的扩张也在不断增长。为了寻找新的资源，木材寻求者向西部的五大湖盆地迁徙，并先后发现了五大湖和密西西比河。密西西比河的发现为勒内・罗贝尔・卡弗利耶带来了荣誉。1682 年，他沿着密西西比河顺流而下，为法国带来了一块巨大的领地。他将这块土地命名为路易斯安那，并献给了法国的统治者路易十四。在这一时期，未来的海地落入了法国手中，而就在 1664 年，法国还在圭亚那建立了卡宴，占领了圭亚那。

这些领地利用“摄政时期”（1715—1723 年法国奥尔良公爵摄政时期）和路易十五的首席大臣弗勒里主教在位的那几年和平时间，发展经济。首先是在路易斯安那，那里建立了新奥尔良，大量的外来人口来到这里。虽然这些外来移民常常是被迫的，不过他们增加了路易斯安那的人口。其次是在圣多明各，这里开始推广种植经济。甚至在印度，法国人来到了亚南。尤其是在总督伯努瓦・迪马的推动下，法国人于 1739 年来到开利开尔。伯努瓦・迪马一直想为本地治里建立一个“米仓”。1742 年，迪普莱克斯接任伯努瓦・迪马的职位，他开始土地扩张，仅这些扩张的土地就够资助结构性赤字贸易。

七年战争（1756—1763 年）将所有的这些努力化为乌有。由于与奥地利结盟，法国被卷入这场战争，最后丢掉了所有的海外领地，只剩下安的列斯群岛。事实上，安的列斯群岛带来了史无前例的商业发

“太阳王”路易十四

展，因为殖民地的新产品供不应求。这些产品包括茶、咖啡、烟草，尤其是蔗糖。从 18 世纪 40 年代开始，圣多明各开始生产蔗糖，其产量和英属安的列斯群岛的总产量一样多。除了糖，圣多明各还生产咖啡、蓝靛和棉花。在法国大革命前夕，圣多明各是美洲第一蔗糖生产地，是世界第一咖啡生产地。进入 18 世纪下半叶，欧洲成了这些产品的第一市场。此外，在欧洲市场还可以见到“献媚”物品：各种各样的奢侈品、红酒、白酒、布列塔尼丝织品。不过，这种经济发展很容易迷惑人的双眼，因为诚如我们所知的那样，它掩盖了英国的工业发展。拿破仑的“宏伟计划”旨在围绕路易斯安那（1800 年由西班牙出让）、圭亚那和海地（一时之间从杜桑·卢维杜尔手中夺回的），重新在美洲建立殖民帝国。在此背景下，拿破仑的“宏伟计划”看起来不怎么符合时代潮流。无论如何，英国的坚持不懈没有给法国留下丝毫机会，因为 1815 年签署的和约只同意法国保留小块领地。第二次百年战争结束后，我们可以确信如果英国不怀好意，法国将无法建立第二殖民帝国。

帝国复辟

波旁王朝复辟之后，其政权合法性十分脆弱。它对海外探险感兴趣，仅仅是因为它把这当作内政工具。因此，征服阿尔及尔更多是为了转移批评，而非真正为了殖民。七月革命之后，路易·菲利普开始执政，情况出现变化。路易·菲利普在儒安维尔有一个儿子，他的这个儿子热衷一切与海洋有关的东西。路易·菲利普极大地促进了海军

路易斯·拿破仑于 1836 年在斯特拉斯堡发动政变

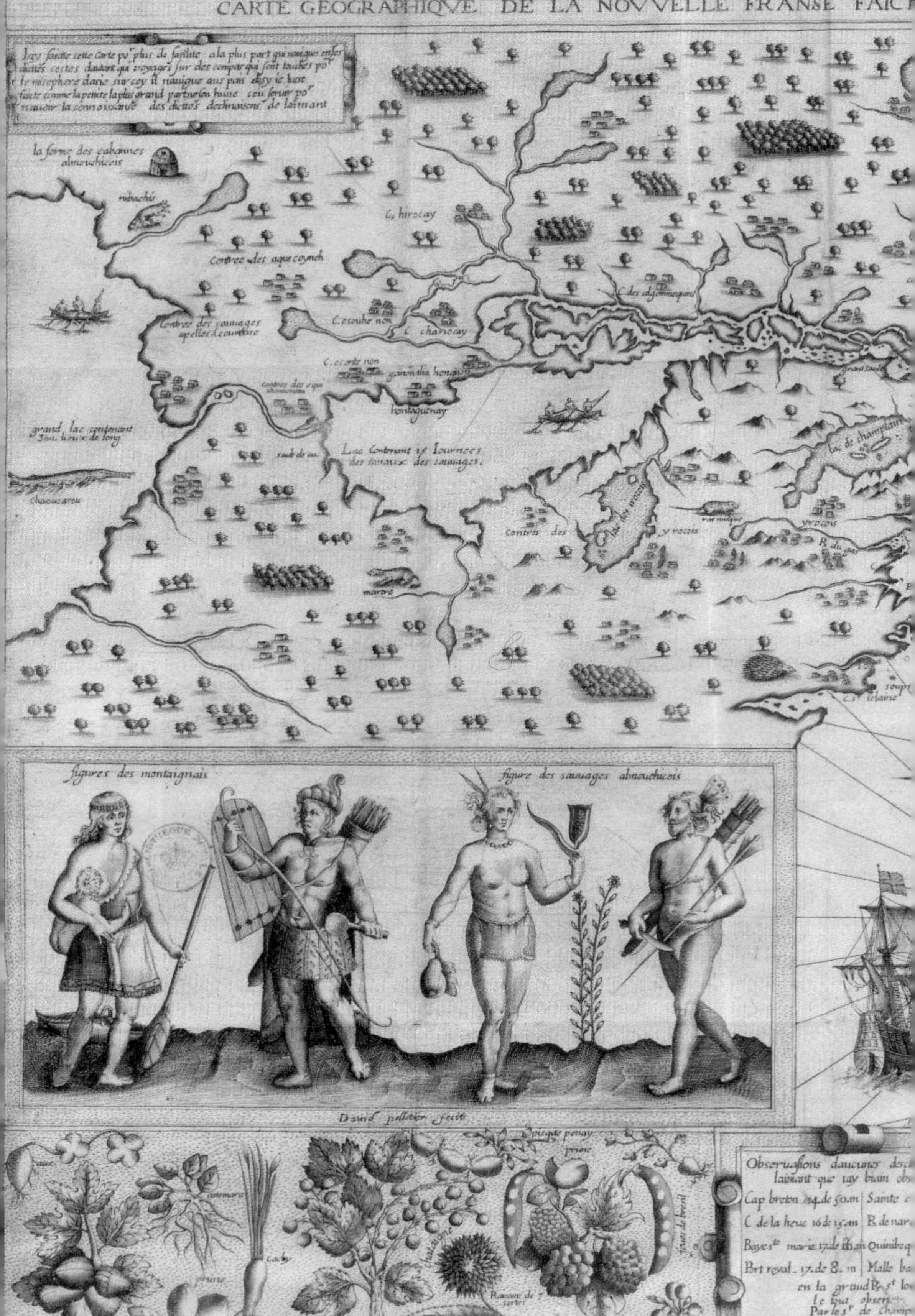

CARTE GEOGRAPHIQVE DE LA NOVVELLE FRANSE FAIC
Iay faicte cette Carte por plus de facilite a la plus part qui navigues en ses dictes costes dautant qui voyages sur des compas qui sont touches por le nisephere ... il navigue aus pais ... faicte comme la petite la plus grand partie ... ceu servir por ravoir la connoissance des dictes declinaisons de laimant
la forme des cabannes almouchicois
Contree des aquecoynch
Contree des sauuages apelles
grand lac contenant 300. lieux de long
C. des algommequins
hontaguenay
Lac contenant 15 Iournees des canaux des sauuages.
lac de champlain
lac des yrocois
yrocois
marte
figures des montaignais
figure des sauuages almouchicois
David pelletier fecit
Obseruaсions
Cap breton
C de la heue
Port royal

1612 年，新法兰西地理图。萨缪尔·德·尚普兰绘

的复兴，积极推广轮船。这一时期，人们仍在探索。儒勒·迪蒙·迪维尔勘探了阿黛利地，建立了几个殖民地：保护马约特和大溪地，吞并马克萨斯群岛和瓦利斯群岛。但他总是缺乏全局视野和真正意愿。不过他所缺乏的这些特点，我们在拿破仑三世身上找到了。拿破仑三世标志着真正的改变。

在美洲和大不列颠流放多年之后，拿破仑三世其实是带着两个信念回到法国的。第一，他确信法国必须开展工业革命；第二，他认为法国需要一支海军。为了第二个目标，拿破仑三世找到了一个不可替代的合伙人——杜普伊·德·洛姆，并将其任命为法国海军副部长。有了拿破仑三世的鼎力支持，杜普伊·德·洛姆开始努力建造蒸汽船和螺旋桨船。1852年，“拿破仑”号问世。在克里米亚战争中，该船在牵引盟军帆船上起到了关键作用。这场战争带来了教训，面对抛来的爆炸物，木质军舰根本无法招架。因此，在1859年，第一艘现代铁甲舰“光荣”号应运而生。19世纪60年代中期，法国有了世界上第一支铁甲舰分舰队。1867年，法国海军居世界第二，它有400支部队，其中34支铁甲舰部队。凭借强大的现代化海军，法国建立了第二殖民帝国。1853年，法国吞并了新喀里多尼亚;1862年，吞并南圻；1863年，柬埔寨成为法国的保护国。在非洲，法国任命费德尔布为塞内加尔总督，建立了达喀尔，占领了加蓬沿岸和吉布提附近的奥博克领地。这些地方对于法国新海军而言，都是必不可少的停泊港。它们也是法国进入红海的重要条件，因为红海和苏伊士运河一样，对于法国至关重要。最后，法国在马达加斯加设立领事馆，在突尼斯增派军事顾问，这些都为法国未来机构的设置奠定了基础。在衰落之际，第

杜普伊·德·洛姆的“光荣”号铁甲舰

马克西姆·洛博夫的“独角鲸”潜艇

二殖民帝国的领地面积达到100万平方公里，覆盖500万人口。

相反，第三共和国在成立之初，就把法国海军视为“奢侈的军队”，将殖民地视为一种负担。马克西姆·洛博夫设计的第一艘潜水艇——“独角鲸”号潜艇也未派上用场。由此造成的后果是：在1914年，法国海军不被看好，它的作用微弱。从殖民的角度来看，法国在被诋毁的茹费理的推动下，追寻第二帝国基地。它先是占领安南（越南）、东京、老挝，而后成立印度支那。除了法属赤道非洲和法属西非，法国还占领了索马里兰和马达加斯加。在中国，法国也占有好几处租界。此外，摩洛哥和突尼斯亦成了法国的保护国。

两次世界大战期间，法国吞并了喀麦隆和多哥，并受国际联盟委托，管理黎巴嫩和叙利亚，帝国的发展达到顶峰。与此同时，乔治·莱格扭转了法国海军的衰落局面，使之成为世界第四，在英国、美国和日本之后。在第二次世界大战中，法兰西殖民帝国没有撑住。由于法国与殖民地关系紧密，殖民地的独立让法国痛苦万分。不过，德国不用面对这个问题，因为从1918年开始，德国就被剥夺了所有海外领地。

由法国海军上将皮埃尔·古斯塔夫·罗兹指挥的法国护卫舰游击队是 1866 年朝鲜战役的主力舰，拍摄于 1865 年的长崎

德意志帝国：征服海底

LE REICH,
À LA CONQUÊTE DES PROFONDEURS

德国是后来才来到海洋的。尽管临海，但德国没有选择去征服海洋，更何况它当时还处于分裂状态。统一之后，德国逐渐暴露了自己的海洋野心，它开始发展海军，建立海外帝国。不同寻常的是，德国是第一个相信海底兵力的国家。本来，德国的潜艇可以让它夺得一战胜利，然而生不逢时，德国的U型潜艇被研制出来时已是一战末期。几年之后，德意志第三帝国再次动用海底兵力，却依旧没有改变二战进程。

克制的扩张

为了不冒犯英国，俾斯麦在探险时十分谨慎。英国承认德国的大陆霸权，但条件是德国要放弃对海洋的探险。因此，德国一直到后来才通过殖民公司进行扩张。这些殖民公司的领地逐渐得到了德国的保护。

当时，有两个大陆引起了德意志帝国的兴趣，一个是非洲，另一个是大洋洲。19 世纪 60 年代中期，德国在萨摩亚建立了贸易公司。在取得英国同意后，德国通过这些贸易公司，于 1884—1888 年间将萨摩亚群岛据为己有。除此之外,德国还占领了新几内亚部分地区（很快更名为“威廉皇帝领地”）、俾斯麦群岛、马绍尔群岛、瑙鲁，以及所罗门群岛北部。与此同时，非洲西南部、多哥、喀麦隆、德属东非和卢旺达—布隆迪再次回到德意志帝国手中。

在新皇帝威廉二世看来，这些扩张十分重要，但依然不足。威廉二世觉得他的总理对国家未来战略领地扩张缺乏干劲，对此他感到懊恼。此外，工业革命引起的经济变化在他意料之中，因为这些变化使得部分原材料的供应安全和支配市场变得至关重要。1890 年，威廉二世辞退了总理，对此大众没有觉得很遗憾。

从这时起，人们开始最大限度地利用殖民地资源。德国开始在太平洋领地开发磷酸盐、橡胶、椰子核，以及其他热带木材，甚至还有

Die Südsee ist das Mittelmeer der Zukunft.

Mir kann es ganz recht sein, wenn die anderen dort unten Beschäftigung finden. Man hat dann endlich Ruhe hier oben.

“南太平洋即是明日的地中海”。出自 1884 年的德国讽刺报《喧声》

KIAUTSCHOU
KIAUTSCHOU-BAI
KAU-MI-HS.
TSI-MÖ-HS.
Bluff Point
C. Evelyn
Round I.
Deutsches Pachtgebiet
Tsintau, den 14.

青岛德租界的明信片

咖啡、可可和珍珠。至于多哥，它引入了棉花、可可、橡树和油棕榈，转变成了农业开垦殖民地。喀麦隆生产橡胶、油、棕榈核、可可、象牙。东非生产咖啡、芝麻、棉花。而在非洲西南部，那里的铜、铁等矿产资源丰富。

不过，德国的领地扩张愿望受到了限制，因为主要领地早已被占领。但是，在与俄罗斯拉近关系之后，德意志帝国于1897年抢占了中国的胶州湾和青岛。在此之前，德国于1895年占领了天津。渐渐地，德国的影响范围扩大到整个山东地区，这引起了日本的极度不高兴。从那时起，日本与英国建立了牢固的同盟关系。

看到土地扩张陷入困境，威廉二世便重点推进德国的经济利益，在1903年推动建成柏林—伊斯坦布尔的标志性铁路，甚至鼓励投资拉丁美洲。1818年左右，第一批殖民者在巴西安家落户。到了1880年，德国人群体有将近20万人，这些人促进德国与佩德罗二世（巴西帝国第二位皇帝）建立了紧密关系。德国的企业参与了当地大部分铁路网的发展。大量的德国企业来到这里，建立贸易公司和银行。那些讲西班牙语的国家也未能逃脱这场活动，因为德语社群在阿根廷、秘鲁、乌拉圭和智利居住已久，他们为德国的经济扩张提供了沃土。除了民间贸易，大量的军队代表团被派遣来到这里，以实现军工综合工业利益最大化。我们甚至发现，在1891年智利内战期间，埃米尔·科纳将军负责培训委员会[①]的军队。随后在1900—1910年间，埃米尔·科纳担任最高指挥官职务。

德国的经济扩张损害了英国的利益。英国正忙于改革工业模式，

---

① 委员会：或称政务会，指某些拉丁美洲国家政变后的政府。

1910 年左右，东非土著士兵挥舞德意志殖民帝国旗帜

它被威廉二世的霸权欲望给激怒了。实际上，威廉二世早已委托海军元帅阿尔弗雷德·冯·提尔皮茨负责改进舰队，当时这支舰队只是用来保护商船队和领土四周。1898 年，威廉二世颁布了第一部海军法，旨在建设一支德意志帝国海军。通过在全球展开部署，要求该舰队能遏制北海上的英国皇家海军。但全球部署的前提是要拥有一个基地网。为此，德国开始建设中国青岛，在新几内亚修建拉包尔港。1899 年，

1890 年左右的德国水手

德国从西班牙手中买下马里亚纳群岛、帕劳群岛和加罗林群岛，加强了其在太平洋的部署。同年，德国和美国瓜分了萨摩亚群岛。

德意志帝国的野心加重了其与英国的紧张关系。更何况德国在布尔战争期间，暗中支持布尔人，同时还在摩洛哥说大话（导致 1911 年德国在喀麦隆的领地进一步扩大），这些行为无异于火上浇油。1918 年，德国战败，它所建立的殖民帝国崩溃瓦解。法国获得了喀麦隆和多哥，比利时获得了卢旺达和布隆迪，英国获得了纳米比亚、坦噶尼喀、新几内亚、萨摩亚群岛和瑙鲁，而日本则抢占了马里亚纳群岛、马绍尔群岛和加罗林群岛。尽管在航海史上，德国是第一个控制海底的国家，可它依然在一战中战败。

海底战争

1844 年，法国的普罗斯珀·安托万·贝耶纳依据“鹦鹉螺”号原型，设计出了“贝勒多纳”号。这是第一艘真正的潜艇，它配备了空气更新系统。坚持不懈的拿破仑三世延续了法国人的创新精神。在他的推动下，“潜水员”号潜艇于 1863 年问世，这是第一艘配备了发动机的潜艇。

当时，潜艇仅用于科学领域。但在美国南北战争中，潜艇的使用发生了变化。在战争期间，南方联邦的“汉利”号潜艇击沉了第一艘军舰，但并未因此而改变战争。不过，这一幕却激起了所有大国对潜艇的兴趣。在这一点上，一直领先的法国又是第一个拥有真正潜艇的国家。在一战前夕，法国大部分重要舰队都配备了潜艇。

但是，光拥有潜艇是不够的，还应该懂得如何使用。在潜艇使用

日德兰海战之后，德意志帝国海军的“塞德利茨”号战列巡洋舰

方面，德国人很快成了能手。第一次世界大战标志着各个方面的改变。第一次工业战争也是第一次真正的经济战争。实际上，生产体系的重构使得大多数旧大陆国家离不开外部补给供应。即使外部补给一直以来都存在，但它从未显得如此至关重要。要知道几乎所有让英国经济运转的材料都是来自外部，甚至到了战争边缘时刻，英国也只有8周的食物储备。在此背景下，切断补给路线和取得凡尔登胜利成了同等重要的目标。英国的封锁切断了德国的饲料、羊毛、亚麻、铜和镍的供应。作为对英国封锁的回应，德意志帝国禁止协约国舰船在波罗的海航行。这一做法使得俄罗斯的补给变得十分艰难，直接导致沙皇政权崩溃。

然而，潜艇的使用还很少，各个对手还是依靠自身的海面舰船。1916年5月31日，查利科指挥的英国舰队与舍尔指挥的德国舰队在日德兰半岛交战，最终双方打成平局。由于对自己的获胜能力不是很有把握，德国人便把军舰停在码头，构想另一种航海战略。海底战争由此开始，其目的是切断敌方的通信线路。1916年，较量开始，德意志帝国有望很快取得胜利，因为U型潜艇击沉的舰船吨数在不断增加。仅在1917年4月期间，德国击沉的舰船总吨位达到1175654吨。当时，英国处境十分危急。英国船坞每个月生产的舰船只有15万吨，而对手每个月击沉的舰船达到60万吨。最后时刻，多亏了“舰队”概念，英国逃过一劫。“舰队”概念的意思是，如果潜艇要击沉一艘军舰，它必须浮出水面，但一旦露出水面，它便任由军舰摆布，所以除了潜在水底或潜出受损，潜艇没有其他选择。

总之，在吃了苦头之后，协约国通过《凡尔赛和约》条款，禁止德国再次发展海军力量。在第二次世界大战前夕，德意志第三帝国再

德国明信片，描绘了 U-20 潜艇击沉英国邮轮卢西塔尼亚号的场景

次制造潜艇。即使它改革了舰队应对之策，但潜艇的数量仍不足以赢取战争。事实上，每一艘潜艇都负责一个区域，它必须通过恩尼格玛密码机（著名的通信加密机器）与其他潜艇联络。德国利用狼群战术，集体攻击敌人。这一策略一时之间行之有效，直到同盟国破译了恩尼格玛密码。在掌握了敌方潜艇的行动之后，同盟国利用新型装备——水面雷达和声呐，可以很容易地将其歼灭。最终，德国输掉了它的海底帝国。

约翰内斯·贝尔（德）于镜厅签署《凡尔赛和约》，其身前为各协约国代表

日本：在陆地与海洋间游走

LE JAPON,
ENTRE LA TERRE ET LA MER

日本无法抗拒亚洲大陆的资源对自己的吸引。明治维新之后，日本已有了实现野心的实力。如果说日本转向太平洋，那也是晚期在西伯利亚遭遇失败之后，被迫这样做而已。

明治时代

明治时代，日本强行推进现代化。相较于旧大陆国家带来的危险，日本在这一阶段更要应对俄罗斯的企图。俄罗斯发现，通过日本可以毫不费力地向太平洋延伸。日本天皇想要确保周边安全，于是着手与俄罗斯谈判，以缓解日俄在千岛群岛和库页岛等有主权争议的岛屿上的紧张关系。根据 1875 年双方签署的条约条款（《库页岛千岛群岛交换条约》），整个千岛群岛归日本所有，而库页岛则归俄罗斯。

当时，为了恢复传统的亚洲大陆扩张政策，日本集中精力，加强军事武器建设。1894 年，日本已准备就绪。它拥有 28 艘现代舰艇和 24 艘鱼雷艇。中国海军虽然也已现代化，且在数量上具有优势，但它依然依赖固定大炮。而日本已经开始使用回转炮塔，射击角度更加宽广。结果呢？中国的舰队在鸭绿江口溃败，陆军也在平壤战败。

1895 年，中日签署《马关条约》。该条约承认朝鲜独立，割让台湾岛及其附属岛屿、澎湖列岛以及辽东半岛给日本。不过，割让辽东半岛招致了俄罗斯的反对。俄罗斯一心想把旅顺港打造成西伯利亚大铁路的出口。俄罗斯成功地将法国和英国拉进了它的游戏之中，并以保护中国人利益为借口，成功地迫使日本天皇放弃。然而，这只是一场诈骗交易。1898 年，俄罗斯强行租占旅顺港，英国抢占威海卫，德国抢占胶州。两年后，法国抢占广州湾（今广东湛江）。面对这些瓜分，

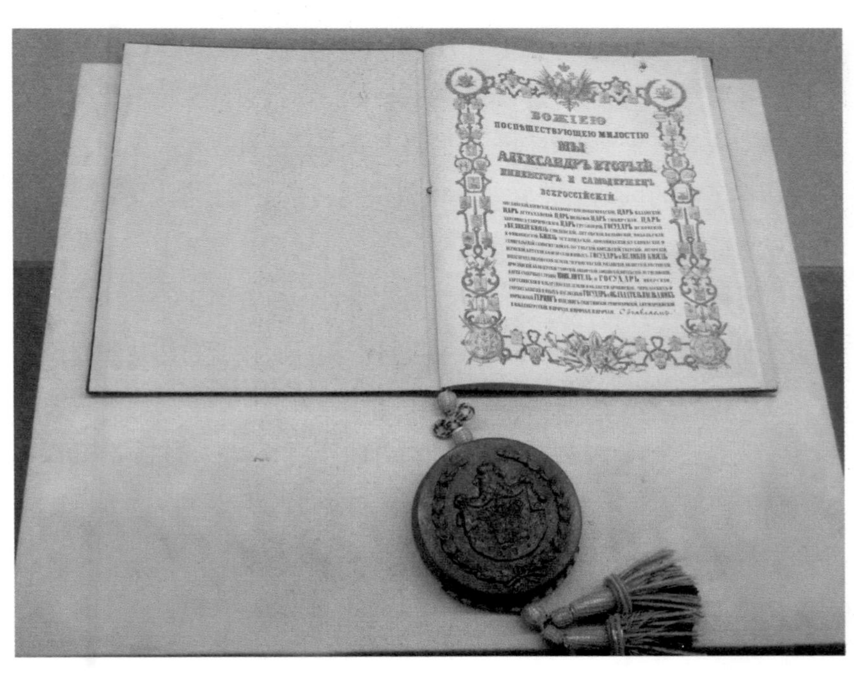

《库页岛千岛群岛交换条约》俄文版本

义和团奋起抗议。糟糕的是，义和团起义导致俄罗斯进入满洲地区。

日本心里有苦难言，想要报仇。除了民族主义受到伤害，日本还面临巨大的经济压力。1904 年，美国政府禁止给予日本工人任何新的劳工合同，关掉了整个 19 世纪用以容纳过量人口的传统流放之地。从此，寻找新的领地和新的资源变得至关重要。

紧接着，俄日战争爆发。摧毁对马海峡上的波罗的海舰队之后，日本终于进入辽东，夺回了库页岛南部，获得了对朝鲜的保护。1910 年，日本吞并朝鲜。日本没有局限于这些传统目标，它甚至抢占了满洲地区南部，从而暴露了其更加大胆的目的。第一次世界大战期间，由于日本站在了协约国一边，它获准保留从德国手中抢来的太平洋群岛。马里亚纳群岛、加罗林群岛和马绍尔群岛落入了日本囊中。在那个时候，归还德意志帝国在山东的租界无关紧要。西方国家的关注点集中在战争经济上。西方国家撤退之后，日本趁机取代了它们在亚洲市场的位置。这一切和日本占领西伯利亚与远东如出一辙。协约国敦促日本介入俄罗斯，日本趁此之机，企图占领西伯利亚和远东。7 万日本人占领了西伯利亚沿海省份的主要港口和城市，支持谢苗诺夫[①]建立外贝加尔自治州。1920 年，日本人被迫放弃西伯利亚，撤退到符拉迪沃斯托克（海参威）。直到 1922 年 10 月，日本人带着遗憾，彻底从俄罗斯撤走。

① 谢苗诺夫：俄国外贝加尔省人，1917—1920 年在日本支持下成为外贝加尔山脉地区的白俄领袖。

1937 年，一名日本士兵在中国长城站岗

亚洲共同繁荣圈

一战过后，日本经济再次回到微妙状态。美国迁入移民手续愈加复杂，澳大利亚只接收白种人移民。除了失去这种传统的调控人口过量的手段，欧洲市场从 1927 年开始不再引进日本产品。诸多因素导致日本想要为自己建立一个生存空间。对日本而言，有两个战略方针：第一是满洲地区，这里可以获得煤炭和矿石；第二是东南亚岛屿和马来西亚，那里可以获得石油和橡胶。一直以来，日本倾向于选择大陆。不过在西伯利亚遭遇失败之后，日本最终选择了海洋。

被战争列强欺凌以后，中国成了日本的选择目标。1931 年，日本利用中国国内混乱，抢占了满洲地区[①]。为了在国际上掩饰其行径，日

① 作者叙述欠准确。1931 年 9 月 18 日，日本关东军策划制造了九一八事变，炸毁沈阳柳条湖附近的南满铁路，嫁祸于中国军队，从而发动了侵华战争。——编者注

本将满洲地区设为保护国——伪满洲国，并把清朝最后一位满族皇帝溥仪立为统治者。

首次入侵成功之后，日本更加直接地介入旧中国。1935 年，日本支持河北政府的“自治”愿望，以便更好地将其吞并。它还支持少数中国蒙古族人的“自治”愿望，后者于 1936 年成立了“蒙疆政府”。1937 年，日本对中国全面发动战争。日本军队最初获得成功，随即不得不面对中国的激烈抵抗。面对中国人的抵抗，日本期望蒋介石倒台，可愿望随之落空。尽管困难重重，大陆上的日本军队恢复了抢占西伯利亚的旧计划，开辟了新的战线。在边境地带发生数起有组织的、故意的事故之后，1939 年 7 月至 8 月，一场真正的战役在哈拉哈河爆发。7.5 万名日本士兵与朱可夫指挥的 5.7 万名苏联士兵进行对抗。由于后勤不足，装甲车性能逊色，日本遭遇惨败。8 月 23 日，德国和苏联签署《苏德互不侵犯条约》，日本再战愿望落空，只好同意停火。人们不禁认为第二次世界大战已经在此上演，因为德日协作本来可能压倒苏联。当德国发起“巴巴罗萨”行动计划时，日本早已决定转向太平洋。

1940 年 3 月，一个傀儡汪伪政府成立，其目的是为了取信主权国家，使其加入“亚洲共同繁荣圈”。不过，“亚洲共同繁荣圈”只是日本帝国的一个幌子。面对日本扩张主义，美国、英国和荷兰决定对其禁运石油产品。此次禁运触发了战争。偷袭珍珠港之后，日本开始入侵马来亚、菲律宾、东南亚其他岛屿和缅甸。最终在中途岛，战争局势翻转过来。如果日本帝国在中途岛战役中取胜，那么它将会抢占夏威夷，美国的收复行动也会更加复杂。但是美国的工业和金融实力使得战争结果没有任何悬念。作为第二次世界大战的最大赢家，美国不得不在海上面对新的大国：苏联！

1939 年，哈拉哈河的蒙古士兵

1941 年 10 月，战争爆发前的珍珠港

RUSSIA
fr
by the IMPERIAL ACA
LONDON, Printed for R
Publishe
SIEWERNOI OKIAN
SEA OF OCHOZK
Called LAMA
by the Tung.
PENSCHINSKAIA GUBA
SEA OF
KAMTSCHATKA
KURILIAN ISLANDS
STRAITS
LAND
indicated by the inha
of Kamtschatka, whic
to some navigators n
from Bering's Isle.
Bering's Isle
where he was
cast away &
died in 1741
SAGALIN I.
ISLE OF NIPON
JAPAN
GREAT SOUTH SEA
OBSKAIA GUBA
Jakutsk
Tungusi
Ostiacki
Tschuktschi
Kunaschir
The 3 Sisters
Explanation of the Rufsian names.
Nos The same as Nefs or Promontory.
Nifchnoe Lower.
Werchnoe Upper.
Ozero Lake.
Oftrow Island.
Oftrog Village surrounded with Palifsadoes.
Neka River.
Sim Winter settlem.t to receive the Tributes.
Track of Cap.t Bering and his Companions.
Track of y.e Cofsack Schestakows and Captain Pawlutzki.
Along the Rivers signifies going by Water.
East Long. from Ferro.

俄罗斯：后起之秀

LA RUSSIE, TROP TARD VENUE

俄罗斯很晚的时候才来到大海。在数个世纪里，俄罗斯一直都是被他国包围的内陆国家。在“恐怖大帝”伊万四世统治时期，俄罗斯首次突破重围。而后在彼得大帝治下，俄罗斯开始长久在波罗的海扎根。从这时起，如何进入“暖海”一直困扰着俄罗斯。在北太平洋帝国时期，俄罗斯就打算实现这一目的。到了苏维埃时期，俄罗斯开始在全球范围内建立海军基地网络。

进入暖海

在“恐怖大帝”伊万四世统治时期，俄罗斯的航海史初露端倪。16 世纪，伊万四世把莫斯科大公国的边界线扩展到了白海，但他还是更注重贸易中心的内河航道。不过，这次的推进无关紧要。直到 17 世纪末，在彼得大帝时期，俄罗斯与大海的关系才有了实质性转变。彼得大帝是一位对海洋事物怀有激情的君主，他所关心之事（向西方开放，对贸易开放）需要大洋作为窗口，才能在帝国南北实现。彼得大帝希望通过对抗鞑靼人，获得黑海入口，但这一希望很快落空，因为 1696 年攻占亚速仅仅是场短暂的胜利。在与瑞典查理十二世对抗之时，彼得大帝十分幸运，虽然开局惨烈，但俄罗斯在波尔塔瓦取得了胜利，它可以在波罗的海的维堡至里加一带长久扎根。俄罗斯在里海的扩张鲜为人知，但却不容忽视，因为与波斯对抗让它获得了整个沿海地带：从乌拉尔河的阿特劳到捷列克河三角洲的基兹利亚尔。彼得大帝始终坚持不懈，他还聘请了丹麦船长维塔斯·白令，以实现自己的夙愿：通过北方之路打开一条通往中国的道路。1725 年，彼得大帝的夙愿实现了。接下来，白令还进行了两次探险，对阿拉斯加沿岸进行勘探，这也为未来打下了基础。

接下来的半个世纪，在叶卡捷琳娜二世治下，俄罗斯的海洋野心范围基本一致。叶卡捷琳娜二世一直想要获得“暖海”（即不冻海）

1711 年，俄罗斯驻亚速海小型舰队司令舰“神意”号

彼得大帝乘坐游艇前往彼得堡要塞

入口，她甚至给自己其中一个孩子取名为康斯坦丁。事实上，在她看来，她的儿子康斯坦丁注定要统治从奥斯曼帝国统治下解放出来的希腊王国，并将君士坦丁堡设为首都。与此同时，俄罗斯本来可以吞并比萨拉比亚、摩尔多瓦、瓦拉几亚、保加利亚，从而进入地中海，然后在爱琴海抢占两座岛屿，用作舰队基地。但在 1769 年，俄罗斯海军第一次来到地中海时，这些计划失败了。海军上将奥尔洛夫未能在希腊煽动起义，不过他击沉了奥斯曼舰队，直接导致俄土双方于 1774 年签署和约。俄罗斯被迫归还格鲁吉亚和比萨拉比亚，但它得到了亚速、塔甘罗格、耶尼卡勒和刻赤等港口。通过这些港口，俄罗斯可以长久出入黑海。1783 年，俄罗斯吞并克里米亚，造成新的冲突。1792 年，叶卡捷琳娜二世利用这场冲突，抢占了整个黑海西岸，德涅斯特河成了新的边境线。由此，俄罗斯通往黑海的入口更加牢不可破了。

不过，俄罗斯还一直惦记着波罗的海。1788 年，俄罗斯吞并了瑞典的立陶宛和库尔兰，得到了文茨皮尔斯，这是俄罗斯在波罗的海无冰海域的第一个港口。

叶卡捷琳娜二世的继承人继续推动她的事业，但再也没有获得一个暖海入口。亚历山大一世抢占了芬兰，极大地拓宽了俄罗斯在波罗的海的通道。通过征服整个波斯高加索，包括巴库，亚历山大一世加强了对里海的控制，并不断向黑海推进。最后，尼古拉一世抢占了格鲁吉亚，从而控制了黑海。尼古拉一世重新开始分化奥斯曼帝国的计划，但在克里米亚战争中，他的野心被击碎了。1869 年，俄罗斯最后一次南下，占领了克拉斯诺沃茨克，控制了整个里海东岸。

The Castle of Baranov: 1809–1827.

[*Wholly remodelled and rebuilt by his successors.*]

巴拉诺夫城堡

北太平洋公司

俄国人根据皮毛交易向东行进，动物一旦减少，猎人便继续前进。因此，在西伯利亚紫貂灭绝之后，俄罗斯人穿越了白令海峡，对阿拉斯加、阿留申群岛和千岛群岛进行殖民。批发商亚历山大·安德烈耶维奇·巴拉诺夫就任殖民地区总督之后，混乱的殖民运动开始变得井然有序。

作为俄美公司的建立者，亚历山大·安德烈耶维奇·巴拉诺夫开始思考在太平洋建立真正的商业统治。他用皮草换取美国的朗姆酒和英国的呢绒，以此与美国建立了联系。他不断蚕食阿拉斯加沿岸，直到吞并离圣弗兰西斯科一百公里的罗斯堡。他努力在加利福尼亚发挥自身的优势，但却遭到了西班牙的强烈反对。同时，因为英国反对，夏威夷（有段时间，夏威夷国王卡美哈梅哈二世要求沙皇尼古拉一世成为其宗主）沿岸的美好前景也黯然失色。然而，这一切都未能阻碍俄美公司发展繁荣。在19世纪的最初十年，俄美公司出口的皮毛价值接近2000万卢布。除此之外，它还出口钢、铁、铜、玻璃、陶瓷、粗绳、木材、烟草、动物油脂、布。这一时期，俄美公司需要进口小麦、大麦、油脂、盐和肉类，他们的贸易范围覆盖美国、加拿大、中国、日本、夏威夷和智利。

除了这些坚固的阵地，尼古拉一世在远东也征得了领地，这些领地构成了今日的俄罗斯。沙皇尼古拉一世任命38岁的年轻将军尼古拉·穆拉维耶夫为伊尔库茨克和叶尼塞斯克的总督，并赋予其明确任务：与中国重新划定边界。事实上，从1689年《尼布楚条约》签署开始，俄罗斯失去了在黑龙江航行的权利，它必须与中国共同管理江边相邻

1848 年，俄罗斯舰队和土耳其舰队之间的切什梅海战

1914 年，俄罗斯军队进入巴黎

1910 年代，黑海舰队的装甲舰

土地。年轻的总督尼古拉·穆拉维耶夫不满足沙皇委托的任务，他依靠哥萨克人和解放的农奴，大力发展这些荒凉地带的贸易和人口。面对中国，他同样懂得利用一切事件，推进目标。1858 年，俄罗斯利用第二次鸦片战争，同中国签署《瑷珲条约》。该条约规定黑龙江是俄中分界线，俄罗斯由此得以进入太平洋。火烧圆明园之后，俄罗斯进一步与中国签署《北京条约》。通过《北京条约》，尼古拉一世将乌苏里江以东（包括库页岛）约 40 万平方公里土地据为己有。尼古拉·穆拉维耶夫坚持不懈，他还将海参崴命名为符拉迪沃斯托克，不过这里

1910 年的符拉迪沃斯托克（海参崴）

经常结冰。于是，俄罗斯继续向南，征服旅顺港。

在亚历山大二世时期，俄罗斯的疯狂扩张才结束。其实，亚历山大二世十分热衷海洋事物，他支持别林斯高晋进行探险即是最好的例证。通过这次探险，别林斯高晋发现了南极洲。亚历山大二世面临巨大的金融困难，他担心英国抢走俄罗斯在太平洋的领地。自俄美公司倒闭之后，这些领地不再具有太大的吸引力。在此背景下，以 700 万美金的价格将阿拉斯加和北太平洋群岛卖给美国还算是一桩出色的买卖。冷战期间，苏联需要发展一支辐射全球的舰队，因此后来的统治者看事情的眼光也不一样了。

苏维埃帝国

在很长一段时间内，苏联海军只是一个象征。参加十月革命的喀琅施塔得的水兵（他们后来对布尔什维克的反抗都被精心掩盖了）是苏联海军的重要组成部分。这是一支精英部队，但是却无重大作用。1905 年，波罗的海舰队出发，前去救援旅顺港，助其抗击日本人。诚然，这段历史回忆促使斯大林产生了一些想法，他想疏通北方航路，建设白海运河，将白海与波罗的海连接起来，但这里没有看到俄罗斯真实的海洋野心。

从 1911 年开始，在破冰船的帮助下，“科雷马”轮船不停地开拓，最终开辟了这条著名的北极之路。在“伟大的卫国战争”期间，这条航路起到了不可忽视的重要作用，它为苏联补给了西方装备。在这场战争中，红军海军遭遇重要损失，它失去了 137 艘舰船，包括 103 艘潜艇。剩下的红军海军只负责河运任务，伏尔加河的小型舰队为红军

第一艘到达北极的水面舰艇，苏联核破冰船“北极”号

阵地补充人力、装备和食物，极大地促进了斯大林格勒战役的胜利。

战后，在海军上将戈尔什科夫的推动下，一支真正的远洋海军诞生了。戈尔什科夫负责该海军数十年，组建了 4 支舰队。首先是北方舰队，它是最重要的舰队，驻扎在北极圈以外的科拉半岛，大多数水面舰船和一半的潜艇都配给了该舰队。另一半潜艇给了太平洋舰队，该舰队驻在俄罗斯远东地区的符拉迪沃斯托克（海参崴）。这支舰队同样可以依靠其他水面舰船，而驻在列宁格勒和加里宁格勒的波罗的海舰队，以及驻在克里米亚的黑海舰队，它们只拥有一些轻型舰队。

这种舰队部署以及海军规模建立在一种日耳曼学说之上，该学说的核心是破坏对手的航海装备。事实上，对苏联而言，最重要的战场实际上是欧洲。从那时起，它的战略就是通过阻挡美军进攻让自己获胜。因此，苏联的舰队依赖水下潜艇，而非航母，或者登陆装备，它没有采取海对地打击行动。

1958 年，苏联海军成为世界第二，仅次于美国，并一直保持到 1985 年。1985 年，苏联海军拥有 1742 艘战舰，包括两栖舰和支援舰。有了这样的舰队，苏联便可以长久地在海外部署舰队。早在 20 世纪 70 年代，苏联就推行了海外部署政策，这一政策的实现依靠“兄弟”国家政府为其提供停泊港。有 35~40 艘舰船航行在地中海，它们可以自由出入叙利亚和利比亚。在印度洋，有 25 艘舰船可以利用南也门和埃塞俄比亚的基地。在南中国海，有 15 艘舰船可以依靠越南。有 5~8 艘舰船在西非航行，它们在安哥拉享有一个连接点。而在古巴，3 艘军舰在加勒比海上航行。然而，这一真正全球帝国却未能经受住经济改革，在世纪转折之时，独自留下了他的竞争对手——美国。

战列舰“波将金”号

1916 年波罗的海舰队的无畏舰“波尔塔瓦”号

全球参与时代：二战至今

Le temps des acteurs globaux :
de la Seconde Guerre mondiale à nos jours

美国：超级大国

L'HYPER-PUISSANCE AMÉRICAINE

19 世纪末，美国萌生了征服海洋的欲望。不管是对古巴、波多黎各、夏威夷，还是对菲律宾的殖民征伐，无一不彰显着美国的野心。那时，美国的对外政策在很大程度上受到门罗主义的影响。1914 年，巴拿马运河建设完工，船只可以通过巴拿马运河从一个大洋穿行到另一大洋，而不必再从合恩角绕行。从这时起，美国的对外政策重新调整了方向。两次世界大战确立了华盛顿的全球主导地位，而冷战更是让“山姆大叔”成了唯一的海上强国。

冷战之后重建

那些唱衰美利坚帝国的人不停地强调美国在大规模稳步地减小海军规模，同时关闭一些海军基地。然而，这些人却从不说美国只需要拥有一支与众不同的海军力量就足够了。作为世界第一的美国海军，拥有十多艘航空母舰，并在所有大洋设有海军基地：北大西洋的亚速尔群岛、印度洋的迭戈加西亚岛、太平洋的关岛和冲绳岛等。

美国海军在数量上确实有所缩减。罗纳德·里根卸任之际，美国海军拥有 585 艘军舰。今天，美国海军只有 279 艘舰艇。但是，美国并非因为预算要求，对海军规模做出大幅调整，而是受“网络中心战”概念启发后，做出战略修正。20 世纪 90 年代，海军中将塞布罗夫斯基首次提出“网络中心战”这一概念。根据“网络中心战”的思想，信息通信技术的普及应该确保美军掌握信息优势，从而保证美军在所有战场获得胜利。在情报的收集、分析和传播上占据主导地位能够缩短决策过程，带来决定性优势：实时将所收集的信息传到各个作战单元，这样可以勾画出瞬时共同作战的情况，并能立刻了解到最佳作战时机。因此，军事力量不断地整合。以前军队是协同作战，现在全部整合到一起，由联合部队司令部统一指挥。

在此背景下，迅速、精准、适时地在战场上部署力量，比永久性全球海洋全覆盖部署更加重要。为了实现这一目标，军舰变得灵活，

2009 年，科威特海军基地附近的美国海军巡逻艇

可以调节。相同舰种可以容纳反舰、反潜和防空设备。美国有 56 艘这种军舰，它们配备了 112~134 个组件，例如濒海战斗舰。这些新型军舰取代了 77~88 艘传统舰艇。

这种新思想在传统冲突中确实行之有效，比如与萨达姆·侯赛因的对抗。然而，面对恐怖分子威胁时，这一思想不再奏效。2001 年 9 月 11 日恐怖袭击之后，海洋的特殊性再次受到重视。

9·11 事件影响

9·11 恐怖袭击使人们再次意识到全能海军的重要性。美国若想要维持国家间贸易正常进行，首先得保证国家周围以及海洋上的海空通道安全。在某种程度上，就是要回归到传统海洋部署。海上占主导地位的国家利用港湾入口，确保航行自由，保障巨轮航行不受威胁。所有这些对于国家安全来说，都是至关重要的，毕竟美国的经济和海洋紧密地联系在一起。

这一策略的中心思想是海事感知能力，它是为了掌握所有的能够对国家安全、经济活动以及环境保护产生一定影响的海空活动。为了达到这个目的，美国建立了一个由卫星、信标、雷达和信号台、海空单位、港口扫描仪共同组成的巨网。信息经过处理后，传给美国海军和海岸警卫队。今后,美国海军和海岸警卫队在“双重领导”的机制下，联合作业，确保美国能够在传统的国家海岸线以外进行活动。

美国一直想控制海上交通，或者至少能够追踪这些交通。然而，由于受到伊拉克战争和阿富汗战争掣肘，同时深陷经济发展缓慢的困境，国家预算有限，这一想法受挫。正因如此，华盛顿大肆鼓吹国际合作，这是它控制全球海洋的唯一手段。作为美国海军中央指挥部行动与策略项目负责人，海军中将摩根在大量文章中提到了美国这一愿望。他在文章中大力提议建设 1000 艘军舰的舰队，这是全球海洋网络的基础。

美国呼吁国际合作表明它已经意识到：即使拥有世界第一的海军，它再也不能独自控制全球海洋。于是，美国想寻求其他国家的帮助，让这些国家负责一些次要区域：美国海军打算把地中海和大西洋交给盟友，以便集中所有精力在印度洋和太平洋。毕竟，五角大楼的高层们始终认为中国有征服印度洋和太平洋的野心。

亚洲战略调整

从海洋地理角度来看，法国一面是地中海，一面是大西洋。这种认识偶尔会导致我们忘记美国的另一面濒临太平洋。美国在太平洋有很多海外领地。那里的海军基地在美国保护珍珠港地区时，起到了至关重要的作用。在法国，大众只关注 1944 年 6 月 6 日诺曼底登陆，他们不知道在珊瑚海海战、中途岛海战和莱特岛战役，以及登陆瓜达卡纳尔岛、塔拉瓦和硫磺岛时，美国海军的大部分行动都是在这些太平洋领地进行的。广岛原子弹爆炸标志日本在太平洋的野心的结束。然而，美国在太平洋的野心并未终止。从 1945 年起，美国在日本横须贺和佐世保设立了两个海军基地，并加强了在这一地区的管控力度，其目的是为了能够拥有重要的机动手段，进而遏制苏联。面对 1949 年中国解放战争的胜利，蒋介石撤到台湾，朝鲜战争，以及后来的越南战争等一系列事件，美国认为这是一个很好的机会，开始逐渐在太

2013 年 3 月，美国“自由”号濒海战斗舰离开圣迭戈港，部署到太平洋。

美国海军人员站在“达拉斯”号核攻击潜艇上。迭戈加西亚，2011 年 9 月

平洋部署海军。

为了增强自己的军事统治力量，美国海军开始进行空间调整，合理分配其全球基地。美国从韩国和日本撤走一部分海军，用以加强与新加坡、菲律宾、泰国和澳大利亚的协作。澳大利亚甚至在达尔文港建了国内第一个美军基地。正如印度洋的迭戈加西亚一样，马里亚纳群岛的关岛即将成为美军的一个真正的多模式平台。关岛拥有一个美国空军基地，该基地能够容纳战略轰炸机和战斗机。同时，关岛拥有一个武器库，以及一个可以停靠航空母舰和弹道导弹潜艇的港口。关岛主要用来容纳一部分驻守在冲绳岛的海军，以减轻盟友日本的负担。除了外交考虑，关岛还具有重要的战略地位——从这里可以控制整个远东。不管在北亚还是南亚部署军队，都可以选择关岛作为前哨。

今天，美国海军将其六成以上的力量重新部署在了这一地区。美国拥有 14 艘弹道导弹潜艇，其中有 8 艘部署在太平洋和印度洋，另外6艘部署在了大西洋和北半球最北端。总之，如果我们相信希拉里·克林顿的话，那么仅重新调整部署是不够的，还应该协调外交攻势，从而加强与其他国家海军的联盟。

我们看到美国在寻求一些有能力的国家，让它们控制各自的区域。从这个角度来看，美利坚帝国和罗马帝国有着惊人的相似。由于领土面积过大，罗马帝国被迫依靠一些小国，通过利用这些地区的盟友和辅助部队，继续承担其经济能力难以支撑的“帝国”重任。为了延续帝国统治，罗马裁减了不重要的省份（例如不列颠尼亚）的军团，用以加强战略地区（例如日耳曼尼亚）的军力。这种做法确实让罗马缓和了几个世纪。但这种经过验证的方法是否同样可以遏制新兴海军的野心？短期来看，确实可以，但长期来看，就很难下定论。

印度：征服印度洋

L'INDE À LA CONQUÊTE DE SON OCÉAN

从“后殖民”中走出来之后，印度一直从印巴冲突的角度，制定其海军战略目标。面对与巴基斯坦和中国的陆地冲突风险，印度优先发展其陆军和空军，导致海军发展受损。一直到最近，印度才萌生了新的野心——走向远洋的印式“门罗主义”。

殖民遗产

在 1961 年之前，英国旧殖民地的官员都是由英国官员担任。从这年开始，印度全面指挥其国家海军，目的是为了执行其首次重要军事任务。“维克兰特”号，即原英国海军尊严级“大力神”号航母，是印度海军的第一艘航空母舰。在封锁果阿之时，“维克兰特”号航空母舰起了至关重要的作用，印度再次夺取了古代的葡萄牙的商行。在攻占“幸运儿”曼努埃尔一世的首都（果阿）之前，印度已经击沉了葡萄牙的一艘通信舰。而后，印度还夺回了第乌和达曼。

不过，印度的主要防御力量侧重在陆地，一方面针对巴基斯坦，另一方面针对中国。1962 年，中印双方爆发冲突，中国收复其声称原本拥有的克什米尔小部分地区。在印度军队中，海军力量相对薄弱。然而，印度海军懂得利用印苏联盟，实现质的飞跃。实际上，通过与印度海军合作，苏联便可以在维沙卡

2007 年 3 月，停泊在孟买的“贝特瓦”号护卫舰和“维拉特”号航空母舰

帕特南军港停泊军舰。

英国殖民统治结束之后，也留下了“遗产”——领土划分。领土划分导致印巴双方之间多次爆发边境冲突。说到这儿，我们会想到克什米尔战争，以及孟加拉国独立战争。1971 年，印度在东孟加拉解放运动中看到了削弱巴基斯坦的机会，便积极支持东孟加拉。印度的封锁极其有效，因为巴基斯坦的多艘货轮，3 艘海军军舰——包括一艘驱逐舰，皆被印度海军摧毁，而印度只有一艘护卫舰被潜艇击沉。

看到护卫舰被潜艇击沉，印度官方认识到加强水下力量的必要性。于是，在 20 世纪 80 年代，印度买入了 4 艘潜水艇，以及英国“竞技神”号航母，并将该航母易名为“维拉特”号。“维克兰特”号航母的飞机对孟加拉湾的科克斯巴扎尔和吉大港的设施实施了空袭，这次空袭使印度海军参谋部更加坚信自己的海空战略。

印式“门罗主义”

印度海军实力的提高与不断显现的印式“门罗主义”相适应。印式“门罗主义”的目的在于把印度洋视为其后院，所以，印度对别国的干涉也越来越多。从 1987 年开始，印度派遣多支部队到斯里兰卡，帮助贾夫纳的侨民进行撤离，保护斯里兰卡渔船不受“猛虎组织”[①]伤害，甚至通过军事行动，对造反的泰米尔地区进行封锁。但是印度并未在这场军事行动中取得太大的胜利，它于 1989—1990 年间逐渐从这场行动中退出。而马尔代夫，它同样未能逃脱印度的统治企图。

① 猛虎组织：即泰米尔伊拉姆猛虎解放组织，又称泰米尔猛虎组织，是斯里兰卡泰米尔族的反政府武装组织。

1988 年，马尔代夫总统阿卜杜勒·加尧姆的政权面临被雇佣兵推翻的危险，他向印度寻求帮助。趁此求助机会，印度在海空方面获得了些许便利。与此同时，印度海军积极开展军舰外交，其军舰甚至到了中国南海。1982 年，印度海军的两艘护卫舰和一艘潜艇在越南巡回航行。

20 世纪 90 年代，由于国家预算有限，印度海军的积极势头就此中断。直至 20 世纪末，印度再次投资海军，并且表现出了更强的野心。2009 年 2 月 28 日，印度开始筹建第一艘国产航母——新“维克兰特”号，计划 2014—2015 年交付。完工之后，印度将继续建设新“维克兰特”号的姊妹舰——“维沙尔”号。与此同时，俄罗斯也承诺在 2013 年末交付“维克拉玛迪特亚”号航空母舰，即原“戈尔什科夫海军上将”号航空母舰。

同时，印度还在加强潜艇舰队力量。1986—2000 年，印度从俄罗斯购买了 10 艘基洛级潜艇，它目前正对这些潜艇进行现代化升级改造。最近，印度又从法国买了 6 艘鲉鱼级潜艇。最具有意义的是，印度在 2009 年推出了“歼敌”号核潜艇，这是印度第一艘弹道导弹核潜艇。当时，只有联合国安理会五个常任理事国拥有核潜艇。从此，印度成为安理会五个常任理事国之外又一个拥有核潜艇的国家。

尽管取得了重要进步，但印度海军依然存在一定的不足。首先是后勤问题，对于舰队活动而言，后勤必不可少。在武器体系方面，武器的可靠性也经常出现问题，这些问题经常使得海军平台瘫痪。从总体来看，海军平台还需要完善电子信息系统。最后，还有一个不容忽视的挑战：赢取人力资源战争的胜利，即在面临民用领域的激烈竞争之时，依然有能力吸引高质量人才。

不过，这些投资表现了印度的海洋野心，这种野心与印度的经济和战略利益不断提升有关。

2011年4月，印美太平洋训练演习

走向远洋

印度巨大的经济增长使之更加依赖外部世界，而不是像尼赫鲁鼓吹的印度可以自给自足。波斯湾的石油和天然气至关重要。作为与欧洲进行贸易的通道，红海和苏伊士运河的入口亦是十分重要，因为它们是与欧盟贸易的要道。此外，印度重启了古代印非贸易传统。两千多年以前，印度的古吉拉特商人用棉花交换银和黄玉。时至今日，塔塔[①]和米塔尔[②]依靠强大的海外印度人网络组织,取代了这些古吉拉特商人。2008 年，第一届印非峰会在新德里举行，标志着印非商业贸易正在飞速扩张。

印度海洋主义的目的是为了发展一支远洋海军，能够在非洲海岸和马六甲海峡之间航行出入。为了实现这一目标，印度加强了它与各个地区小国家的关系，并在暗中向马尔代夫、塞舌尔和毛里求斯提供军事设备。毛里求斯大部分人口为印度人，它与印度建立了最为亲密的关系，允许印度在阿加莱加群岛建立海军设施。印度有条不紊地占领印度洋，目的在于将其影响扩大到印度洋的各个入口和出口。印度在马达加斯加建立了雷达站，同时与莫桑比克签署了防御协议。这样一来，印度海军便可以在莫桑比克运河巡航。安达曼群岛和尼科巴群岛位于马六甲海峡入口，这里可以承担远东海军指挥的任务。另一个战略点——波斯湾，它同样引起了印度的注意。从 1999 年开始，通过与阿曼签署防御协议，与卡塔尔签署安全协议，印度开始在波斯湾部

---

① 塔塔：由詹姆斯特吉·塔塔于 1868 年创立，是总部位于印度的大型跨国企业，旗下拥有超过 100 家运营公司。100 年来，塔塔以其恪守良好的价值观和商业道德而广受印度人的尊敬。

② 米塔尔：印度钢铁巨头，创办米塔尔钢铁公司。

署海军。

参与曼德海峡的打击海盗行动也是印度在该地区树立威望的一种方式。与此同时，打击海盗保障了印度通往欧洲和非洲的贸易路线的安全。在非洲，印度和中国盯着相同的市场。正因如此，印度洋成了一个重要的战略十字路口，这里汇聚了未来十年全球的主要参与者：美国、中国和印度。

结语

Conclusion

在对过去和未来的大型海洋帝国深入分析之后，可以看出有些东西总是一成不变的。首先，控制了海洋，就有可能垄断利润最丰厚的，或是最具战略意义的贸易网络。热那亚控制黄金之路的想法与美国的想法十分相似。今日，美国位于洲际海底电缆的中心位置。在“大数据”和“云计算”时代，几乎所有的跨大西洋电缆，尤其是跨太平洋电缆，都在华盛顿汇合。另一个恒定不变的就是保证商品自由流通的必要性。大海的自由对于罗马和拜占庭的小麦补给十分重要；而今天，大海的自由对于我们的食物供应同样也很重要。

这些不变更加突出了一些变化：贸易全球化导致我们的社会从未如此高度依赖大海。今天，人类的经济联系彼此紧密，供应链上出现最小的中断都能让一个领域无法运转。原因是什么呢？是生产模式发生了变化，以前，人类在一个地区，或者一个国家制造产品。在新的生产模式结构下，工厂变成了组装者，负责装配来自世界各地的原材料或已加工材料。在这种体系下，保持海洋贸易之路的开放显得尤为重要。

另一个新颖之处在于海洋开发。长久以来，人们认为海洋中只有鱼类资源。而在今天，海洋成了新的“黄金国”。当下，即使仅开发极小一部分海底，其前景都是充满希望的。虽然石油和近海天然气经历了史无前例的发展，但它们不是唯一可开发的资源。例如，海底的稀土金属储量达到900亿吨，而地表的稀土金属储量只有1.2亿吨。由于其化学特性和电磁特性，稀土金属对于半导体、军事工业、电信系统、可再生能源等高科技领域都是不可或缺的。

基因工程也没有闲着。在经过生物科技的严格筛选之后，海洋植物（包括花卉）开始运用在美容和医疗领域。上千个物种被汇编整理，其中有一半用来治疗癌症。海洋生物多样性带来了基因多样性，其丰富程度不亚于陆地生物基因，因此未来海洋具有无限的潜能。

最后，能源生产也是海洋的财富资源之一。人们利用海上风力和潮汐生产能源。法国是世界上最早开发潮汐能源的国家，它建立了兰斯工厂，将洋流产生的动能转化为电能。

这幅景象表明大海已不再仅被视为一个媒介，它还是一种资源。为了未来的发展，注重海洋资源的开发，显得尤为重要。陆地资源的消耗，将竞争转移到海洋，把海洋开发变成新的“大型游戏”。这也是大国之间展开深海装备竞赛的原因。为此，中国通过“蛟龙”号发展深海（深度超过2000米）勘探能力。2010年夏天，“蛟龙”号潜水深度达到3759米，接近法国的“鹦鹉螺”号创下的5000米纪录。

在此背景下，《联合国海洋法公约》确定的海洋分界线成了新的关键。有些国家在对海洋的开发、利用和保护上做得很好，例如在海洋领域居世界第二的法国；而其他国家在这一方面相对滞后，但也正努力迎头赶上，比如限于国家四周地理环境的中国。地理和历史解释了这些不同情况的原因，但也很难缓和当下的局势。在此背景下，海洋成了新的分界线，它勾勒出了一幅幅紧张局势图、未来战争图。

致谢词

Remerciements

我谨向制图艺术家阿兰·诺埃尔和帕特里克·高表示特别的谢意，没有他们的帮助，此书将无法问世。我同样没有忘记贡扎格·艾齐耶，他作为幕后人物，深知我对他的谢意。最后，我要特别提到布朗蒂娜·亨顿，她是一位女权主义者。没有她，这项计划便不会完美完成。

图书在版编目（CIP）数据

桅杆上的征服者 / （法）西里尔·P. 库唐赛著；尚俊峰译. —长沙：湖南人民出版社，2020. 1

ISBN 978-7-5561-2153-3

I. ①桅… II. ①西… ②尚… III. ①海洋—文化史—研究—世界 IV. ①P7—091

中国版本图书馆CIP数据核字（2019）第205401号

WEIGAN SHANG DE ZHENGFUZHE

桅杆上的征服者

著　　者　［法］西里尔·P. 库唐赛
译　　者　尚俊峰
出　　品　阅享文化
产品经理　李晨昊
责任编辑　田　野
责任校对　夏文欢
封面设计　水玉银文化

出版发行　湖南人民出版社［http://www.hnppp.com］
地　　址　长沙市营盘东路3号
邮　　编　410005
经　　销　湖南省新华书店

印　　刷　三河市金轩印务有限公司
版　　次　2020年1月第1版　2020年1月第1次印刷
开　　本　800 mm × 1240 mm　1/16
印　　张　23
字　　数　100千字
书　　号　ISBN 978-7-5561-2153-3
定　　价　108.00元

营销电话：0731-82683348　（如发现印装质量问题请与出版社调换）